国家自然科学基金资助项目（51864036,51574220）
内蒙古自治区高等学校青年科技英才支持计划项目（NJYT-19-B33）
内蒙古自治区自然科学基金博士基金项目（2018BS05009）
内蒙古科技大学创新基金项目（2017QDL-B11）

浅埋厚煤层开采
覆岩导气裂缝形成机理与控制技术

李建伟　著

中国矿业大学出版社

内 容 提 要

本书从覆岩结构运动与空气动力学的角度出发,综合采用现场实测、相似模拟、数值计算、理论分析、工业性试验等研究方法,对浅埋厚煤层开采条件下覆岩失稳运动特征及断裂裂缝的动态分布与发展变化规律、覆岩导气裂缝的产生机理及其时空演化规律、导气裂缝影响下采空区流场及工作面漏风特征等进行了系统研究,确定了基于覆岩导气裂缝控制的浅埋厚煤层开采安全保障技术。研究成果对西部矿区浅埋厚煤层开采岩层控制和安全生产具有重要的理论价值和现实意义。

本书可供从事采矿工程及相关专业的科研及工程技术人员参考使用。

图书在版编目(C I P)数据

浅埋厚煤层开采覆岩导气裂缝形成机理与控制研究/李建伟著. —徐州:中国矿业大学出版社,2019.8

ISBN 978 - 7 - 5646 - 4490 - 1

Ⅰ. ①浅… Ⅱ. ①李… Ⅲ. ①厚煤层－浅层开采－研究 Ⅳ. ①TD823.25

中国版本图书馆 CIP 数据核字(2019)第 144726 号

书　　名	浅埋厚煤层开采覆岩导气裂缝形成机理与控制技术
著　　者	李建伟
责任编辑	王美柱
出版发行	中国矿业大学出版社有限责任公司
	(江苏省徐州市解放南路　邮编 221008)
营销热线	(0516)83884103　83885105
出版服务	(0516)83995789　83884920
网　　址	http://www.cumtp.com　E-mail:cumtpvip@cumtp.com
印　　刷	江苏淮阴新华印务有限公司
开　　本	787 mm×1092 mm　1/16　印张 11.75　字数 308 千字
版次印次	2019 年 8 月第 1 版　2019 年 8 月第 1 次印刷
定　　价	45.00 元

(图书出现印装质量问题,本社负责调换)

前　言

随着中国煤炭资源的开发重点向西部转移,西部煤炭资源的安全开采越来越受到重视。由于开采装备及生产管理水平的提高,西部矿区工作面采高不断增大引起的高强度开采活动使得覆岩活动范围及地表采动裂缝进一步扩大,一部分地表裂缝与覆岩裂缝贯通造成地表空气进入工作面,引起工作面通风紊乱,导致工作面一氧化碳(CO)浓度异常增大甚至采空区煤炭自燃,严重威胁煤矿安全生产。

针对西部矿区浅埋深、薄基岩和厚煤层的赋存特点,基于煤层开采过程中覆岩断裂裂缝贯通地表并导致地表漏风,以及由此引起的工作面通风紊乱、采空区CO浓度超限、存在遗煤自燃隐患等影响安全生产的问题,本书以内蒙古串草圪旦煤矿地质赋存及生产技术条件为背景,从覆岩结构运动与空气动力学的角度出发,综合采用现场实测、相似材料模拟、数值计算、理论分析、现场工业性试验等研究方法,对浅埋厚煤层高强度开采条件下覆岩失稳运动特征及断裂裂缝的动态分布与发展变化规律、覆岩导气裂缝的产生机理及其时空演化规律、导气裂缝影响下采空区流场及工作面漏风特征等进行了系统研究,确定了基于覆岩导气裂缝控制的浅埋厚煤层开采安全保障技术。研究成果对西部矿区浅埋厚煤层高强度开采岩层控制和安全生产具有重要的理论价值和现实意义。书中内容主要包括以下几方面:

(1)基于串草圪旦煤矿浅埋厚煤层开采工程地质条件,实测得出了不同地质赋存条件下工作面地表采动裂缝时空分布规律、动态发育特征及其主控因素。结合三维地质建模、数值计算以及理论分析,得出了不同赋存条件下浅埋厚煤层工作面沟谷区域开采覆岩应力场和位移场动态分布特征、地表沉陷和覆岩移动变形动态变化规律以及覆岩采动裂缝三维分布特征。

(2)建立了覆岩承载关键层深梁结构受力模型,得出了深梁结构承载关键层不同边界条件下的破断特征、失稳运动形式及其影响因素,以及覆岩贯通型地裂缝的形成机理。分析了承载关键层层位、基岩厚度、松散覆盖层厚度、工作面推进速度以及地表地形等对浅埋厚煤层开采覆岩破断失稳及断裂裂缝时空演化规律的影响,确定了覆岩断裂裂缝的动态时空演化特征、类型和分布范围。

(3)建立了浅埋厚煤层开采覆岩导气裂缝空气动力学分析模型,分析了覆岩导气裂缝的导气机理及导气特征,确定了覆岩导气裂缝的分布特征、导气条件,得出了基于覆岩导气裂缝等效缝宽 D' 的浅埋厚煤层开采覆岩导气裂缝漏风流量 q' 及平均漏风流速 $\bar{v}'$ 的计算公式。通过现场实测分析和计算流体力学分析相结合,得出了覆岩导气裂缝在工作面推进方向的时空分布规律,建立了覆岩导气裂缝的演化模型,并得出了导气裂缝影响下采空区内漏风流场时空分布规律。

(4)建立了基于导气裂缝控制的工作面安全生产保障条件,提出了保障工作面安全生产的技术途径。包括基于减缓覆岩导气裂缝内漏风流速的填平封堵技术;基于防止采空区覆岩导气裂缝漏风的工作面增压通风技术;基于预防采空区遗煤自燃的浅埋厚煤层开采采空区注浆、注氮及保证工作面推进速度等。

本书的研究内容是一项多学科交叉的综合性课题,涉及采矿工程、岩石力学、工程地质学、流体力学、矿井通风、安全工程等多个学科,是笔者长期研究的成果总结。本研究得到了现场工程技术人员及课题组成员的大力支持和帮助,感谢准格尔旗云飞矿业有限责任公司串草圪旦煤矿赵杰、朱占虎、雷剑波、董石红、姚仲宝、李春永等工程技术人员在研究工作中给予的大力支持!感谢中国矿业大学刘长友教授、鲁岩副教授、吴锋锋副教授、杨敬轩副教授等在研究工作中的指导和帮助!

由于时间仓促和水平所限,书中难免有不足和错误之处,敬请专家、学者、同行不吝赐教和指正。

著 者
2019 年 1 月

目　录

1 绪 论

1.1 研究背景与意义

我国西部浅埋煤层大规模开采始于 20 世纪 90 年代。"十二五"期间,国家加快了陕北、黄陇、蒙东、神东、宁东、新疆等大型煤炭基地的建设[1]。截至"十二五"末,西部矿区煤炭产量占全国煤炭产量的约 65%,未来我国煤炭资源的主要供给地将主要集中在内蒙古、新疆、陕西、山西等地[1,2]。

西部矿区开采区域大部分集中于埋深在 200 m 以内的浅部,煤层典型的赋存特点是多为厚及特厚煤层,基岩相对较薄,地表为大厚度风积沙、松软黄土覆盖层或裸露基岩[3],见图 1-1。

(a)   (b)   (c)

图 1-1 西部浅埋煤层典型地质赋存特征
(a) 煤层露头;(b) 地表黄土覆盖层;(c) 地表基岩覆盖层

浅埋煤层工作面开采覆岩运动的主要特征为顶板岩层沿全厚切落,基岩破断角较大,破断直接波及地表并形成明显的采煤沉陷地裂缝[3-5]。随着开采装备及生产管理水平的提高,工作面采高和面长不断增大导致的高强度开采活动使得覆岩活动范围及地表采动裂缝分布范围进一步扩大。在矿井负压通风下,一部分地表采动裂缝与覆岩断裂裂缝贯通造成地表空气进入采空区和工作面,在引起工作面通风紊乱的同时,给采空区遗煤自燃提供了连续的供氧环境,加快了遗煤氧化,易导致采空区一氧化碳浓度增大甚至引起采空区内遗煤自燃,严重威胁煤矿安全生产(见图 1-2)[6-8]。

我国易自燃、自燃煤层矿区分布广,全国 130 余个大中型矿区均受煤层自然发火威胁,总体呈现北多南少的趋势。具有煤层自然发火倾向的矿井占 54%,最短自然发火期小于 3 个月的矿井占 50% 以上[9,10]。据不完全统计,90% 以上矿井火灾是由煤炭自燃引起的[11]。西部浅埋煤层绝大多数为自燃、易自燃煤层,在矿井负压通风的作用下,空气通过地表采动裂缝进入采空区,并从采煤工作面流出,存在较为明显的采空区地表漏风(本书中指从地表

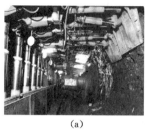

(a)　　　　　　　　　　(b)　　　　　　　　　　(c)

图 1-2　西部浅埋煤层生产技术条件、地表开采损害及采空区遗煤自燃

(a) 高强度开采；(b) 地表采动裂缝；(c) 采空区遗煤自燃

向采空区进风）现象。地表漏风导致采空区氧气浓度增高，使采空区遗煤自燃危险性增加[12-15]。

浅埋煤层采空区遗煤自燃问题是困扰相关煤炭企业安全生产的一大难题。地表采动裂缝的漏风直接为采空区遗煤自燃提供氧气来源，是遗煤自燃的主要原因之一。浅埋煤层高强度开采覆岩活动及其导致的波及地表的导气裂缝是地表漏风的必要条件。因此，在现有研究成果的基础上，针对浅埋厚煤层的赋存特点，开展高强度开采条件下覆岩失稳运动的时空演化规律以及覆岩导气裂缝的产生机理及其时空变化规律的研究，建立浅埋厚煤层采场覆岩导气裂缝的产生演化模型，确定基于导气裂缝控制的采空区遗煤自燃预防技术，不仅能切实解决现场生产中面临的采空区一氧化碳浓度超限、遗煤自燃等安全问题，也可为西部浅埋煤层工作面顶板控制、地表采动损害控制以及水资源保护性开采等提供理论依据。

1.2　相关研究文献综述

本书的研究内容是一项多学科交叉的综合性课题，涉及采矿工程、岩石力学、工程地质学、流体力学、矿井通风、安全工程、防灾减灾等多个学科和专业。目前，与本书研究内容相关的国内外研究主要集中在浅埋煤层开采覆岩运动及顶板控制、地表沉陷与地质灾害预测及控制、水资源保护性开采、采空区地表漏风及遗煤自燃等方面，研究成果较为丰富。在此对前人研究成果予以简要回顾和总结，并提出需进一步研究解决的问题。

1.2.1　浅埋煤层开采覆岩运动及顶板控制研究现状

20 世纪 90 年代以来，随着以神东矿区为代表的浅埋煤层开采及其开采范围的不断扩大，国内关于浅埋煤层开采的覆岩破断特征、运动失稳规律、矿压显现规律及顶板控制技术等方面的相关研究逐步展开并不断深入，取得了丰硕的成果。

钱鸣高等[3]通过对神府矿区浅埋煤层普采工作面和综采工作面矿压显现规律的实测分析，得出了浅埋煤层开采矿压显现的基本特征；通过对浅埋煤层长壁工作面顶板破断运动形态的研究，提出了浅埋煤层工作面顶板主要形成"短砌体梁"和"台阶岩梁"两种结构，并建立了基本顶"短砌体梁"和"台阶岩梁"结构模型，通过分析结构模型的稳定性，确定了控制基本顶结构滑落失稳的支护力，总结得出了浅埋煤层工作面支护设计的基本方法[16]。

黄庆享将关键层理论[17-20]运用到浅埋煤层顶板控制中，建立了浅埋煤层长壁开采顶板结构及岩层控制理论，揭示了典型浅埋煤层顶板台阶下沉和强烈来压的"关键层非稳定结构滑落失稳"机理,提出了岩层控制意义上的以关键层、基载比和埋深为指标的浅埋煤层定义,丰富了岩层控制关键层理论[21-26]。

侯忠杰[27,28]根据浅埋煤层的赋存特点,提出了覆岩全厚整体台阶切落的判断公式,补充了关键层理论在浅埋煤层应用中的判定准则。并通过对厚土层下薄基岩浅埋煤层开采的相似模拟实验研究,揭示了厚土层浅埋煤层开采上覆岩层的破坏规律及"支架-围岩"关系[29]。

石平五[30,31]通过对神府矿区浅埋煤层开采工作面的现场观测和模拟实验研究,得出了顶板破断运动的主要方式是薄基岩在厚沙覆盖层作用下的整体切落,指出保证足够的初撑力和采空区一定充填状况是顶板控制的要点。并进一步分析了基岩厚度、采高、推进速度等对顶板破断的影响。

许家林等[32-35]以神东矿区浅埋煤层开采为工程背景,对浅埋煤层覆岩关键层结构的类型及其破断失稳特征进行了研究,指出单一关键层结构是导致浅埋煤层特殊采动损害现象的地质根源。并得出了不同赋存条件下,浅埋厚煤层工作面覆岩关键层结构失稳机制与压架机理,提出了相应的防治对策,指导了神东矿区浅埋煤层开采压架灾害的防治实践。

付玉平、宋选民等[36-39]通过对不同采高、面长、支护强度下浅埋大采高工作面的现场观测及分析,研究了浅埋大采高综采工作面顶板垮落特征、顶板断裂位置及覆岩"两带"高度等,给出了采高、面长的单因素及双因素对顶板垮落带高度影响的回归公式,为采煤工作面选择合理的支护措施提供技术保障。

王国法等[40-42]针对西部浅埋煤层多为厚及特厚煤层开采的实际,研究了不同机采高度对支架工作阻力、顶煤冒放规律、煤壁稳定性的影响。提出大采高综放开采是煤炭开采技术的新突破,也是实现浅埋特厚煤层安全高效开采的有效途径。

此外,鹿志发[43]以神东矿区为例,分析了浅埋煤层综采工作面的矿压显现特征和地表塌陷过程,研究了浅埋煤层综采顶板破坏特征和机理。李凤仪[44]研究了浅埋煤层开采界定、工作面初次来压及周期来压机理、工作面来压动载成因及矿压控制原理等内容。伊茂森[45]就神东矿区浅埋煤层地质赋存特点,研究了浅埋煤层覆岩关键层结构分类及其破断失稳特征、关键层判别方法及其相关参数、关键层运动对地表沉陷影响规律等。任艳芳[46]针对鄂尔多斯地区浅埋煤层开采的实际,对浅埋煤层覆岩结构形式与运动特征进行了分析,探讨了影响浅埋煤层覆岩结构稳定性的关键因素,给出了浅埋煤层的界定依据。王旭峰[47]对冲沟发育矿区浅埋煤层采动坡体活动机理及其控制进行了系统的分析,并初步指导了工程实践。张志强[48]就沟谷地形对浅埋煤层工作面动载矿压的影响规律进行了研究,提出了沟谷地形下浅埋煤层工作面产生动载矿压的防治对策和措施。李福胜[49]对浅埋薄基岩厚表土层煤层群协调开采矿山压力显现规律及岩层控制、合理布置工作面错距和巷道、开采保障体系等方面进行了相关研究。王方田[50]对浅埋房式采空区下近距离煤层长壁开采顶板大面积来压机理及其防治技术等进行了系统研究。鞠金峰[51]针对神东矿区上煤层开采遗留煤柱下开采工作面压架事故,就浅埋近距离煤层出煤柱开采压架发生的机理、影响因素、发生条件及其防治对策等进行了深入研究。林光侨[52]通过对乌兰木伦煤矿综采工作面的矿压显现规律以及支架工况的理论研究与现场实测,揭示了在工作面初采及回撤期间压架机理,指导了工作面液压支架的选型。

国外学者对浅埋煤层开采的研究主要停留在对煤层开采过程中普通矿压现象的分析及

支架载荷力学模型和经验公式的总结等方面。认为煤层开采覆岩破断延伸至地表，上覆岩层垮落角较大，地表下沉量大，初次来压和周期来压强度大。对浅埋厚煤层开采覆岩运移理论未进行系统的研究。苏联学者布克林斯基通过对莫斯科近郊浅埋煤层开采过程覆岩运移的观测，提出了倒台阶下沉学说，认为在浅埋煤层开采时，覆岩随工作面推进将出现斜方六面体，覆岩沿煤壁方向垮落延伸至地表，支架载荷为空顶区内上覆岩层的全部重力[53]。澳大利亚学者 L. Holla 和 M. Buizen 通过对浅埋薄基岩煤层长壁工作面开采覆岩运移规律的实测，得出工作面上覆岩层垮落高度为采高的 9 倍，周期来压强度大[54]。印度学者 T. N. Rajendru Singh 通过对江斯拉煤矿 R-Ⅶ浅埋综采工作面开采现场观测，得出浅埋煤层综采工作面覆岩垮落带和裂缝带交叉，裂缝带高度比普采工作面大，其特点为裂缝带发育程度高、周期来压步距小、裂隙分布密集[55]。此外，英国和美国也进行浅埋煤层的开采，为了控制地表下沉塌陷问题，主要采用房柱式采煤方法，其学者的研究主要集中在地表沉陷观测和工程地质评价等方面[56,57]。

1.2.2　浅埋煤层开采地表沉陷及采动裂缝研究现状

由于煤层埋藏浅、基岩较薄的地质赋存特点，浅埋煤层开采上覆岩层的移动与变形呈现特有的规律，导致地表沉陷发生相应的变化。相对一般煤层开采，浅埋煤层开采覆岩的破断运动直接导致地表呈现切割式采动裂缝（见图 1-3）[58]。

(a)　　　　　　　　　　　　(b)

图 1-3　浅埋煤层开采地表切割式采动裂缝

国内对浅埋煤层开采采动损害及环境保护等方面研究较早的余学义[58-68]等通过对神府、榆神、榆横等矿区的地质采矿条件、开采沉陷损害、地表采动裂缝破坏和矿区生态环境的现场调查和分析，研究了覆岩移动变形过程，揭示了地表裂缝分布形态与覆岩断裂结构演化的内在关系，给出了影响采空区地表裂缝形式的主要因素以及形成这种特殊裂缝分布形态的机理等，提出了控制开采沉陷损害、保水采煤的开采技术体系以及矿区土地复垦和生态修复重建的模式，为西部浅埋煤层矿区开采沉陷损害控制、土地复垦、生态修复和重建提供了依据。

汤伏全等[69-71]在系统研究西部厚黄土层下煤层开采地表移动及开采沉陷预计等的基础上，通过分析榆神府矿区浅埋煤层综采工作面基岩断裂下沉机理，以及基岩控制层破断与工作面周期来压及地表沉陷之间动态关系，得出了基于随机介质理论的浅埋煤层开采工作面地表沉陷的预计模型，建立了工作面周期来压步距与地表移动分布的数学关系。

谷拴成等[72-74]分别对浅埋薄基岩厚煤层充分采动和非充分采动情况下覆岩移动演化规律、采场岩层的破断机理和来压特点以及采动地表移动规律进行了研究，建立了基于概率积分法的浅埋煤层地表移动预计模型。

杜善周[75]在系统观测神东矿区大规模开采地面沉降的基础上，得出了地表移动变形的定量参数，如起动距、超前影响角、最大下沉速度、滞后角等，并结合岩移参数，采用概率积分法以及负指数分布方程方法,进行了地表沉陷预计。

杨志军[76]在综合分析准格尔煤田酸刺沟煤矿地表沉陷区各岩层物理力学参数以及采空区地表沉陷特征的基础上,对酸糊沟煤矿采煤沉陷区稳定性进行了模糊综合评价,并采用FLAC³D数值模拟软件,从采空区沉降变化、水平位移变化以及塑性区和主应力分布等方面对采空区地表沉陷变形作出整体分析和评价。

黄森林[77]通过对榆神矿区浅埋煤层工程地质条件调查及开采损害现状总结,分析了浅埋煤层覆岩的物理力学特性及开采损害的基本特征与规律。并运用FLAC³D数值计算分析方法,对浅埋煤层关键层的特征参数及关键层对上覆岩层的控制机理进行了探讨,应用数值方法确定了浅埋煤层关键层位置及移动变形规律。

张平[78]通过对黄土沟壑地形条件下地表采动裂缝破坏特征、地面坍塌灾害特征及黄土滑坡等的现场观测分析,对地表采动裂缝的破坏机理及其影响因素进行了研究。

杜福荣[79]采用相似材料模拟与UDEC数值模拟相结合的研究方法,对乌兰木伦煤矿2207工作面开采覆岩破坏状态、破坏高度、岩层移动主要角量参数和特定参数进行了研究,为风积砂层下开采浅埋煤层与地表移动规律研究提供了可靠资料。

余进江[80]应用UDEC数值模拟软件对贵州响水煤矿12309工作面进行数值模拟,揭示了贵州响水煤矿雨谷井田东坡面出现裂隙的原因,指出山区浅埋缓倾斜煤层推进后地表裂隙发育受煤层埋深、边坡倾角及工作面推进距离等因素影响。

刘辉[81]在对开采造成的地裂缝进行分类统计的基础上,基于薄板理论的基本顶"O-X"破断原理,分析了薄基岩浅埋煤层开采造成的地表塌陷型裂缝的形成机理,研究了塌陷型地裂缝的动态发育规律。

王创业[82]通过分析关键层的破断失稳条件并进行关键层结构稳定的数值模拟,得出神东矿区地表损害形式呈切落式裂缝破坏,覆岩中的关键层起到控制这种破坏的作用。

国外对采空区的沉陷模式理论研究最早始于1838年,比利时工程师哥诺特提出"垂线理论",自此以后在此基础上一系列新理论应运而生[83,84]。包括Jicinsky的"二等分线理论"以及裴约尔的"拱形理论"等。另外,Schmitz、Keinhorst、Bals等人相继研究了开采影响的作用面积及分带,提出了连续影响分布的影响函数。苏联学者阿维尔申提出了水平移动与地面倾斜呈正比的观点。波兰学者李特维尼申于1954年将随机介质理论引入矿山开采沉陷研究中,推导并证明了开采沉陷服从柯尔莫哥洛夫方程式。

对采空区稳定性的分析方面,Jones等人在20世纪70年代研究了采空区塌陷对公路的影响。80年代以来,E. Drum等人采用理想的线弹性介质模拟采空区围岩,进行弹性极限条件下硐室围岩的沉陷破坏机理研究[85]。M. C. Wang等[86]又分别研究了采矿及下伏空洞对建筑物的影响。这些研究都是建立在特定的实验基础上,主要是靠以往的经验和调查,侧重于对灾害的评价,缺乏系统的普遍规律,对采空区上部建筑物地基破坏机理和灾害防治措施并没有进行深入的研究。80年代后期,L. Wood[87]、Sirivardnae Amnada[88]、X. L. Yao[89]等学者相继采用有限单元法和边界元法对采空区覆岩产生垮落的地质采矿条件、垮落带发育高度、覆岩产生离层裂缝的地学条件及离层裂缝发育的位置、规模和发育高度等进行研究,将数值计算方法引入采空区稳定性评价中。

综上所述,国内外学者分别通过现场实测、理论分析及数值模拟的方法,针对浅埋煤层覆岩移动变形、开采沉陷损害、开采沉陷预计、地表采动裂缝破坏等方面进行了研究,为浅埋煤层矿区开采沉陷损害控制、土地复垦、生态修复等提供了依据[90-95]。

1.2.3 浅埋煤层开采覆岩采动裂隙及保水开采研究现状

由于我国西部地区生态环境脆弱、降水量少、蒸发量大、水资源严重匮乏，因此，西部浅埋煤层开采覆岩采动裂隙的研究主要为保水开采等研究提供相关理论依据。

范立民等[98-101]较早关注西部浅埋煤层水资源保护性开采的问题并做了大量研究工作，利用钻孔钻进过程中冲洗液消耗量的大小来确定垮落（裂）带的发育高度，为矿区生产和环境保护提供依据[102]。

张杰等[103,104]对不同赋存条件下的浅埋煤层开采进行了流固耦合相似模拟实验，分析了覆岩破坏和导水裂缝发展变化情况，得出主关键层下岩层的运动破坏规律是下位逐层垮落而上位整体运动，影响浅埋煤层导水裂缝发展的主要因素是主关键层层位和采高，主关键层层位与采高之比越大，越容易进入弯曲下沉带。

张东升等[105-112]以裂缝带高度作为综合指标，以岩层综合强度、岩体完整性指数、采动影响指数作为相关因素，推导出长壁工作面和短壁工作面导水裂缝带高度的计算公式。并基于关键层结构的稳定性，得出关键层破断形式的四种判别模型，并依此形成了覆岩移动形式判别体系。同时对覆岩采动裂隙及其含水性的氡气地表探测机理进行了研究。

此外，许家林、黄庆享、李文平、王连国、李忠建、师本强等分别从覆岩关键层、隔水层关键层的结构特征、力学运动及裂隙分布，基岩赋存地质特征和覆岩采动裂隙等相关方面对浅埋煤层开采覆岩采动裂隙及保水开采方面进行了大量的研究工作[113-120]。

1.2.4 浅埋煤层开采采空区地表漏风及遗煤自燃研究现状

浅埋煤层开采过程中，会产生较为严重的地表破坏[121,122]，与井下采空区沟通的地表塌陷、裂缝区造成严重的漏风，致使漏风现象凸显，井下通风困难。煤矿采空区漏风是致使采空区煤炭自燃的严重诱因之一。国内外与之相关的研究主要集中在浅埋煤层自然发火规律[123-129]、采空区自燃"三带"划分与分布规律[130-136]、采空区遗煤自燃防治技术[137-147]等方面。鉴于塌陷区范围通常比较大，漏风规律比较复杂，实测困难，因此地面塌陷裂缝漏风规律研究相对较少。

徐会军等[148]分析了浅埋薄基岩厚煤层综放工作面采空区自燃危险性特征，结合内蒙古伊泰集团阳湾沟煤矿6202工作面各项实际参数，采用数值模拟方法对采取不同措施时采空区流场（压力、速度分布）、氧浓度分布等进行了模拟研究。

张辛亥、吴刚等[149-151]通过对柠条塔矿地质、地貌资料，采空区地表裂隙的分析，得出柠条塔矿采空区地表裂隙沉降特性，并通过示踪气体测定了柠条塔煤矿N1201工作面地表漏风通道，计算出了其漏风速度分布。通过对柠条塔浅埋煤层漏风规律模拟与分析，得出了在柠条塔矿区2-2煤层综采采空区的自燃危险区域，为预防浅埋煤层开采工作面采空区煤炭自燃提供了依据。

张海峰等[152]以阳湾沟煤矿6202工作面采空区为漏风通道检测对象，利用释放示踪气体方法实测得出工作面采空区漏风风量，并分析了浅埋深综放工作面采空区的漏风特点。

李永等[153]针对朔州芦家窑煤矿8401综采面采空区漏风风流的状况，应用不同的技术和方法进行检测，对矿井的漏风通路及漏风方向进行了初步判断，并提出了采空区漏风条件下遗煤自燃防治措施。

综上所述，国内外有关浅埋厚煤层开采覆岩采动裂缝时空分布特征及其导气性等方面的相关研究较少,是有待进一步分析研究的问题。

1.2.5　相关研究文献评述

分析相关国内外的研究现状可以看出,现有的研究成果为本书内容的深入研究奠定了良好的基础,提供了借鉴。但关于覆岩导气裂缝漏风条件下浅埋厚煤层安全开采控制理论与技术等方面的研究还存在不足,具体表现为以下几个方面:

(1)浅埋厚煤层开采地表地貌三维建模及开采损害动态变化规律研究较少。

(2)浅埋厚煤层采场覆岩破断失稳运动的时空变化规律及其对覆岩断裂裂缝时空演化规律的影响关系研究较少。

(3)浅埋厚煤层采场覆岩导气裂缝的产生条件、形成机理及其导气性的时空演化规律研究较少。

(4)浅埋厚煤层采场覆岩导气裂缝影响下的采空区流场及工作面漏风特征研究较少。

(5)基于覆岩导气裂缝控制的浅埋厚煤层工作面采空区遗煤自燃预防技术与理论研究较少。

本书以内蒙古串草圪旦煤矿为工程背景,采用现场实测、相似材料模拟、数值计算以及理论分析等综合方法,研究了浅埋厚煤层开采地表采动裂缝时空分布、动态发育特征及地表损害动态变化规律,浅埋厚煤层开采覆岩破断失稳特征及地裂缝形成机理,浅埋厚煤层开采覆岩失稳运动与断裂裂缝时空演化规律,浅埋厚煤层采场覆岩导气裂缝的形成机理及其时空演化规律,以及覆岩导气裂缝影响下的采空区流场及工作面漏风特征,建立了浅埋厚煤层采场覆岩导气裂缝演化模型,提出了基于覆岩导气裂缝控制的浅埋厚煤层开采安全保障技术,保证了浅埋煤层工作面的安全高效开采。本书的研究内容与研究结果,进一步深化了西部浅埋厚煤层采场岩层控制研究的内涵,为西部矿区煤炭资源开采的岩层控制、工作面有害气体控制及采空区遗煤自燃等的预防提供理论依据,具有重要的理论价值和现实意义。

1.3　研究内容与技术路线

本书从覆岩结构运动与空气动力学的角度出发,基于内蒙古串草圪旦煤矿地质赋存及地表地形特征为背景,采用现场实测、相似材料模拟、数值计算、理论分析与现场工业性试验等综合方法展开研究,主要研究内容如下:

(1)浅埋厚煤层开采地表采动裂缝动态发育特征及其对生产的影响

通过现场调研实测,分析浅埋厚煤层开采地裂缝发育形态及其尺寸特征,研究浅埋厚煤层开采工作面地表采动裂缝动态发育特征及其时空分布规律、工作面漏风规律、采空区气体浓度分布规律。分析归类煤层的地质赋存条件及其地表采动裂缝的类型和对工作面生产的安全影响等,为后续的研究奠定基础。

(2)浅埋厚煤层开采三维地质建模及地表损害动态变化规律

基于串草圪旦煤矿沟谷区域浅埋厚煤层开采工程地质条件,采用三维地质建模、数值计算及理论分析相结合的研究方法,分别研究串草圪旦煤矿不同赋存条件下浅埋厚煤层工作面沟谷区域开采覆岩应力动态分布特征及塑性破坏区动态分布规律,地表位移与沉陷动态变化特征及其影响范围,以及地表移动变形及覆岩采动裂缝三维分布形态等。

(3)浅埋厚煤层开采覆岩破断失稳特征及地裂缝形成机理

根据西部典型浅埋厚煤层开采工作面的地质赋存特征,对浅埋厚煤层开采覆岩承载关键层赋存特征进行统计分析。采用物理相似模拟和理论分析相结合,研究浅埋厚煤层开采覆岩承载关键层的破断特征、失稳运动形式及其影响因素,以及浅埋厚煤层开采贯通型地裂缝的形成机理。

(4)浅埋厚煤层开采覆岩失稳运动特征与断裂裂缝时空演化规律

基于浅埋厚煤层开采承载关键层回转下沉过程对覆岩断裂裂缝动态发育规律的影响,采用相似模拟与理论分析相结合,分析浅埋厚煤层开采覆岩失稳运动及其动态移动变形特征以及覆岩断裂裂缝的时空演化规律,研究承载关键层回转下沉、覆岩变形特征与断裂裂缝动态发育规律,覆岩结构失稳运动对断裂裂缝贯通度的影响。采用离散元3DEC数值计算,分析承载关键层层位、基岩厚度、松散覆盖层厚度、工作面推进速度以及地表地形等对浅埋厚煤层开采覆岩破断失稳及断裂裂缝时空演化规律的影响。研究浅埋厚煤层开采覆岩断裂裂缝的产生位置、分布情况,裂缝动态发育变化与工作面推进位置之间的关系,裂缝张开闭合变化规律及其贯通程度变化特征,确定覆岩断裂裂缝的动态时空演化特征、类型和分布范围。

(5)浅埋厚煤层开采覆岩导气裂缝形成机理及时空演化规律

依据浅埋厚煤层开采覆岩采动裂缝的时空分布特征,考虑矿井负压通风的影响,分析裂缝尺寸参数、贯通程度、地表覆盖层性质与基岩层岩性以及裂缝所处应力环境等对裂缝导气特征的影响。采用气体动力学及流体力学相关理论,建立覆岩采动裂缝内流体力学计算模型,分析浅埋厚煤层开采覆岩导气裂缝的导气机理及导气特征,确定覆岩导气裂缝的分布特征、导气的条件、导气裂缝产生的机理。通过现场实测,分析典型工作面地表采动裂缝漏风特征,评价不同采动裂缝的导气性能,得出覆岩导气裂缝在工作面推进方向的时空分布规律,建立覆岩导气裂缝的演化模型,确定覆岩导气通道的空间分布形态以及导气通道产生的控制因素。

(6)覆岩导气裂缝影响下的采空区流场及工作面漏风特征

依据浅埋厚煤层开采采空区内垮落矸石的赋存特征,建立采空区漏风流场的数学计算模型,分析浅埋厚煤层采空区内空气流动流场、漏风特征及其影响因素。采用有限元FLU-ENT数值模拟方法,分析地表漏风条件下工作面采空区内漏风流场的时空分布规律。通过对典型浅埋厚煤层工作面采空区内气体浓度变化时空分布规律以及工作面一氧化碳浓度分布特征的现场实测分析,得出漏风条件下采空区遗煤自然发火"三带"的分布范围以及工作面一氧化碳气体的主要来源。

(7)基于覆岩导气裂缝控制的浅埋厚煤层安全开采保障技术

基于串草圪旦煤矿6104工作面生产技术条件,根据以上研究成果,提出基于导气裂缝控制的西部浅埋煤层开采采空区遗煤自燃防治技术。依据覆岩断裂裂缝横向"三区"范围以及断裂裂缝导气能力的变化,提出浅埋厚煤层开采地表导气裂缝封堵与地表恢复技术。根据覆岩导气裂缝形成机理及其影响因素,提出工作面均压通风防止地表漏风技术,并确定合理的井下通风压力。根据漏风条件下采空区流场及遗煤自然发火"三带"的分布范围,提出采空区注浆、注氮预防采空区遗煤自燃技术以及加快工作面推进速度预防采空区煤炭自燃技术。从减小承载关键层破断块体竖直下沉量及回转角度方面出发,提出了控制浅埋煤层开采损害性地裂缝产生的开采技术。通过对以上各项技术措施应用效果的现场实测分析,确定6104工作面基于覆岩导气裂缝控制的安全开采保障技术。

2　浅埋厚煤层开采地表采动裂缝
动态发育特征及其对生产的影响

受煤层开采条件、基岩赋存特征以及地表覆盖层赋存条件等的综合影响,西部浅埋厚煤层开采地表采动裂缝发育形态各异、裂缝发育深度不一[6,61,64]。根据现场生产实践,浅埋煤层开采时地表常出现随工作面推进而周期性产生的采动地裂缝,这些裂缝不仅引起地表黄土覆盖层的切割性破坏,造成水土严重流失、地表植被枯萎等生态环境灾害,而且往往与工作面及采空区连通,导致工作面漏风及溃水溃沙等事故。随着开采装备及生产管理水平的提高,工作面采高和工作面长度不断增大导致的高强度开采活动造成浅埋煤层开采覆岩活动范围及地表采动裂缝进一步扩大,使得这一问题更加突出。

浅埋厚煤层开采条件下,煤层埋深、基岩厚度与层位、地表覆盖层厚度及其性质等因素均对地表采动裂缝的发育形态、动态分布及发育特征产生影响。本章通过现场调研和观测,研究了浅埋厚煤层开采地裂缝发育形态及其尺寸特征。通过对串草圪旦煤矿不同地质赋存条件下工作面地表采动裂缝发育形态及其动态变化特征的现场实测分析,研究了浅埋厚煤层开采地表采动裂缝的产生位置、分布情况,裂缝动态发育变化与工作面推进位置之间的关系等,得出了浅埋厚煤层开采引起的地表采动裂缝的动态发育特征及其时空分布规律。通过对工作面漏风规律以及采空区气体浓度分布规律的实测分析,得出了不同类型地裂缝对工作面安全生产的影响。

2.1　浅埋厚煤层开采地裂缝发育形态及尺寸特征

串草圪旦煤矿位于内蒙古准格尔旗南部,井田属准格尔矿区的边缘地带,南北长约4.10 km,东西宽约3.03 km,井田面积7.158 4 km²,主采4#、6#煤层,开采标高1 035～876 m。矿井开采区域地表为典型侵蚀性黄土高原地貌,井田内被新生界松散沉积物广泛覆盖,新生界以下老地层出露不多。

根据井田的煤层赋存特点、地形地貌,串草圪旦煤矿工业场地布置在井田东部,并在工业场地西侧布置主斜井、副斜井及回风斜井井筒。

本节通过对串草圪旦煤矿典型的浅埋煤层开采工作面地表采动裂缝发育形态的观测,统计分类工作面开采地表采动裂缝,并分析各类型采动裂缝的发育形态特点及其尺寸特征。将地表采动裂缝分为张开型裂缝、塌陷型裂缝、台阶型裂缝以及闭合型裂缝四种类型并分述如下。

(1) 张开型裂缝

张开型裂缝主要分布于地表沉陷盆地边缘和工作面推进前方,其发育形态特点是裂缝张开量大于裂缝错动量。工作面前方张开型裂缝初始发育阶段张开量小、基本无错动且发育深度浅,随着工作面的推进,裂缝张开量及错动量增大,发育深度变深。地表沉陷盆地边缘张开型裂缝张开量小、基本无落差且发育深度小,裂缝发展到一定深度之后不再向下发展。另外,浅埋厚煤层开采地表为岩石覆盖层时,其采动裂缝也表现为张开型裂缝。

浅埋厚煤层开采地表张开型裂缝发育形态如图 2-1 所示。

图 2-1　浅埋厚煤层开采地表张开型裂缝发育形态
(a) 工作面前方张开型裂缝;(b) 沉陷盆地边缘张开型裂缝

（2）塌陷型裂缝

塌陷型裂缝主要分布于工作面正上方以及滞后工作面一定范围的采空区上方地表,其发育形态特点是裂缝中部张开量大,裂缝中间出现塌陷,贯通地表和工作面采空区,裂缝两翼张开量变小,基本无错动,呈张开型裂缝形态。

浅埋厚煤层开采地表塌陷型裂缝发育形态如图 2-2 所示。

图 2-2　浅埋厚煤层开采地表塌陷型裂缝发育形态
（a）塌陷型裂缝中部;（b）塌陷型裂缝两翼

（3）台阶型裂缝

台阶型裂缝主要分布于工作面正上方和采空区上方地表以及工作面在上坡推进阶段的地表,其发育形态特点是裂缝错动量大、张开量小,地表产生台阶错动,且裂缝贯通地表和工作面。

浅埋厚煤层开采地表台阶型裂缝发育形态如图 2-3 所示。

（4）闭合型裂缝

闭合型裂缝主要分布于工作面采空区上方地表,其发育特点是裂缝处于闭合状态,部分裂缝由于地表压缩变形超过表土的抗压能力极限值,表土受到挤压形成隆起,此类裂缝对地表生态环境及矿井安全生产影响较小。

浅埋厚煤层开采地表闭合型裂缝发育形态如图 2-4 所示。

另外,根据地裂缝是否与工作面采空区贯通,可将地表采动裂缝分为非贯通型裂缝和贯通型裂缝。非贯通型地裂缝一般分布在工作面前方或地表移动盆地边缘,裂缝呈张开型且

(a)   (b)

图 2-3   浅埋厚煤层开采地表台阶型裂缝发育形态

(a) 工作面上方台阶型裂缝；(b) 上坡阶段开采地表台阶型裂缝

(a)   (b)

图 2-4   浅埋厚煤层开采地表闭合型裂缝发育形态

(a) 闭合型裂缝；(b) 挤压闭合型裂缝

发育特点为自上而下发育且发育到一定深度不再向下发展，不会与工作面采空区连通。贯通型地裂缝一般随工作面推进周期性出现，裂缝发育形态多样，随着工作面覆岩的破断失稳运动自下而上发育且与工作面采空区连通。

  贯通型裂缝包括塌陷型裂缝、台阶型裂缝以及地表为岩石覆盖层时地表产生的张开型裂缝。通过对串草圪旦煤矿浅埋煤层开采地裂缝发育形态的观测，得出浅埋煤层开采地表主要形成台阶型和塌陷型两种典型的采动裂缝，且不同的地裂缝水平张开量及竖直错动量差异较大，其中对地表生态环境损害性较大的地裂缝发育尺寸较大。通过对损害性较大的地裂缝形成后一段时间内地表植被变化情况的观测（见图 2-5），得出浅埋煤层开采地裂缝形成后严重影响地表水土保持，造成地表植被的种类和数量明显减少，对西部地区脆弱的生态环境造成严重的破坏。另外，塌陷型裂缝张开量大，极易发生漏风及工作面溃水溃沙事故，对工作面的安全生产带来严重威胁。

  采动地裂缝是由于煤层开采引起的地表移动超过表土的极限变形而形成的[3]。浅埋煤层开采后岩层移动导致地表产生的沿竖直方向和水平方向的位移如图 2-6 所示。由于浅埋煤层地表多为黄土及风积沙覆盖层，其物理力学指标低，土质松软且缺乏黏性，抗剪强度低，很小的拉伸或剪切变形即能导致其破坏，产生地裂缝。

  两点水平位移差值 $\Delta u = u_5 - u_4$ 表示两点之间产生地裂缝在水平方向的张开量。而两点竖直位移差值 $\Delta w = w_5 - w_4$ 表示两点之间产生地裂缝在竖直方向的错动量。当 Δw 较大，Δu 较小时，地裂缝表现为明显的台阶状。当 Δu 较大时，两点之间产生的地裂缝发育的同时将沿两侧弱面发生分叉离层和塌陷运动，形成塌陷槽。另外，当地表为岩石覆盖层时，裂缝发育尺寸表现为 Δu 较大而 Δw 较小，地表表现为张开型裂缝。

2013年8月   2014年6月

(a)

2014年9月   2015年7月

(b)

图 2-5   地表损害性地裂缝发育形态及其对植被的影响

(a) 台阶型裂缝；(b) 塌陷型裂缝

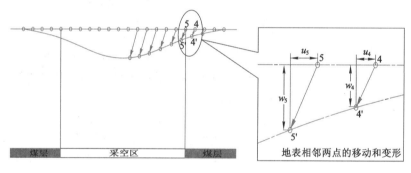

图 2-6   浅埋煤层开采后地表各点的移动

2.2   浅埋厚煤层开采地质赋存特征及地裂缝分布规律

2.2.1   工作面生产地质条件

（1）4104 工作面生产地质条件

串草圪旦煤矿 4104 工作面位于一水平南翼一盘区 4# 煤层。工作面以南无采掘工程，以东为 4103 工作面，以西无采掘工程，以北为辅运大巷保护煤柱。下伏 6# 煤层设计有 6104 综放工作面，上覆无采掘工程。

4104 工作面推进长度 1 834 m，面长 253 m，现场实测工作面自开切眼至推进 290 m 范围内地表主要采动裂缝分布情况。观测范围内工作面煤层平均厚度 3.5 m，平均埋深 80.7 m。煤层上覆由松散覆盖层与基岩层组成，松散覆盖层主要由砂质红土及黄土组成，平均厚度 36.6 m。基岩层由细粒砂岩、砂质泥岩、细粒砂岩等组成，平均厚度 40.6 m。4104 工作面覆岩岩性柱状图如图 2-7(a)所示。

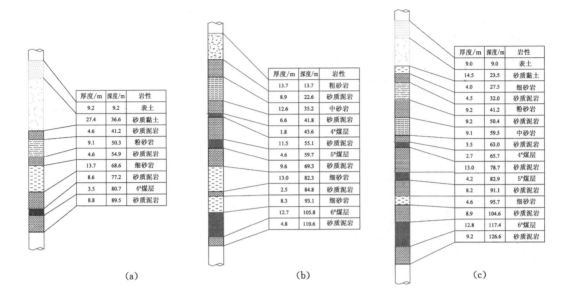

图 2-7　工作面岩性柱状图(局部)

(a) 4104 工作面;(b) 6106 工作面;(c) 6104 工作面

(2) 6106 工作面生产地质条件

串草圪旦煤矿 6106 综放工作面位于一水平一盘区 6#煤层。工作面以北为井田边界保护煤柱,以东无采掘工程,以西为 6107 综放工作面(已回采完毕),以南为 6#煤层老窑采空区。上覆 5#煤层无采掘工程,下伏煤层无采掘工程。

6106 工作面推进长度 767.5 m,面长 127 m,现场实测工作面距开切眼 230～370 m 范围地表主要采动裂缝分布情况。观测范围内工作面煤层平均厚度 12.7 m,平均埋深 105.8 m。距开切眼 230～370 m 范围内工作面地表为裸露岩石层,由粗砂岩及砂质泥岩组成,平均厚度 22.6 m。下伏岩层由砂质泥岩、细砂岩、粉砂岩、煤层等组成,平均厚度 70.5 m。6106 工作面覆岩岩性柱状图如图 2-7(b)所示。

(3) 6104 工作面生产地质条件

串草圪旦煤矿 6104 工作面位于一水平一盘区 6#煤层。工作面以北为主运大巷保护煤柱,以东无采掘工程,以西无采掘工程,以南为 6 煤层风氧化带。上覆 4#、5#煤层,4#煤层4104 工作面已开采完毕,5#煤层无采掘工程。

6104 工作面推进长度 2 093 m,面长 148 m,工作面自开切眼至推进 260 m 范围内上覆无采掘工程,此范围内煤层平均厚度 12.8 m,平均埋深 117.4 m。煤层上覆由松散覆盖层与基岩层组成,松散覆盖层主要由砂质红土及黄土层组成,平均厚度 23.5 m。基岩层由细粒砂岩、砂质泥岩、粉砂岩、中粒砂岩、煤层等组成,平均厚度 81.1 m。6104 工作面岩性柱状图如图 2-7(c)所示。

通过钻孔取芯、封蜡编号及实验室加工实验,得出串草圪旦煤矿各煤岩层物理力学性质见表 2-1。由表 2-1 可以看出,本区煤系地层岩石多属软弱至半坚硬,煤层顶底板稳固性较差。个别地段顶底板强度低,顶板易产生裂隙或冒落。

表 2-1　　　　　　　　　　　　　　　　煤岩物理力学参数

项　　目　　煤岩岩性		泥　岩	砂　岩	砂质泥岩	煤
抗压强度/MPa	吸水状态	$\dfrac{30.9\sim18}{24.45}$			
	自然状态	$\dfrac{69.50\sim34.30}{45.20}$	$\dfrac{72.00\sim21.90}{37.94}$	$\dfrac{36.20\sim15.10}{25.38}$	$\dfrac{10.90\sim4.50}{6.97}$
抗剪强度/MPa	45° 正应力	$\dfrac{25.12\sim22.63}{23.72}$	$\dfrac{38.47\sim20.02}{26.70}$	$\dfrac{25.46\sim24.66}{25.06}$	
	45° 剪应力	$\dfrac{25.12\sim22.63}{23.72}$	$\dfrac{38.47\sim20.02}{26.70}$	$\dfrac{25.46\sim24.66}{25.06}$	
	55° 正应力	$\dfrac{14.13\sim13.58}{13.92}$	$\dfrac{16.06\sim12.48}{13.80}$	$\dfrac{14.13\sim11.01}{12.57}$	
	55° 剪应力	$\dfrac{20.18\sim19.40}{19.88}$	$\dfrac{22.94\sim17.82}{19.70}$	$\dfrac{20.05\sim15.73}{17.89}$	
	65° 正应力	$\dfrac{6.96\sim5.14}{5.95}$	$\dfrac{6.90\sim4.46}{5.41}$	$\dfrac{5.54\sim5.21}{5.375}$	
	65° 剪应力	$\dfrac{14.94\sim11.02}{12.76}$	$\dfrac{14.79\sim9.57}{11.60}$	$\dfrac{11.89\sim11.16}{11.525}$	
抗拉强度/MPa		$\dfrac{1.44\sim1.04}{1.32}$	$\dfrac{3.27\sim1.44}{3.075}$	$\dfrac{1.65\sim0.83}{2.05}$	$\dfrac{1.65\sim0.83}{2.05}$
坚固性系数		$\dfrac{5.66\sim3.50}{4.25}$	$\dfrac{7.26\sim3.23}{4.61}$	$\dfrac{3.24\sim1.53}{2.38}$	$\dfrac{1.10\sim0.47}{0.71}$
软化系数		$\dfrac{0.87\sim0.35}{0.58}$			
弹性模量 E/MPa		$\dfrac{9.54\times10^3\sim4.74\times10^3}{7.17\times10^3}$	$\dfrac{1.59\times10^4\sim8.89\times10^3}{11.49\times10^3}$	$\dfrac{9.54\times10^3\sim8.02\times10^3}{9.54\times10^3}$	
泊松比 υ		$\dfrac{0.17\sim0.08}{0.125}$	$\dfrac{0.21\sim0.16}{0.19}$	$\dfrac{0.33\sim0.17}{0.25}$	
内摩擦角		28°58′～33°43′	33°31′～36°27′	34°12′～34°25′	
内聚力/MPa		8.6～11.4	7.5～8.1	8.2～8.6	
真密度/(kg/m³)		2 577～2 782	2 653～2 904	2 659～3 014	
视密度/(kg/m³)		2 455～2 536	2 260～2 405	2 187～2 241	
孔隙率/%		2.12～11.75	11.47～17.18	15.72～27.44	
含水率/%		0.94～1.37	0.77～2.16	2.52～2.74	
吸水率/%		1.49～1.82	2.34～3.46	3.35～4.39	

2.2.2 工作面地裂缝分布规律

（1）4104 工作面地裂缝分布规律

4104 工作面自开切眼至推进 290 m 范围内地表主要采动裂缝分布如图 2-8(a)所示。工作面自开切眼至推进 85 m 范围内地表形成沿采空区边缘分布的张开型裂缝，裂缝呈"O"形分布，裂缝落差 0.3~0.5 m，塌陷坑内伴生有 8 条呈不同落差的台阶型裂缝。工作面推进 85~290 m 范围内，采空区地表周期性出现 12 条裂缝，其中 10 条台阶型裂缝，2 条张开型裂缝，每条裂缝发育形态及延伸长度均相似，基本平行于工作面面长方向分布，裂缝间间距 11.8~22.4 m，平均 17.1 m。4104 工作面典型台阶型地裂缝发育形态如图 2-9(a)所示。

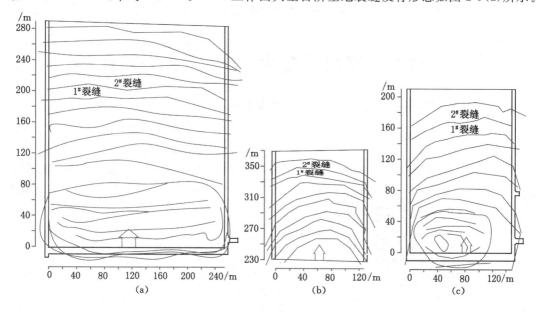

图 2-8　工作面地表采动裂缝分布图（局部）

(a) 4104 工作面；(b) 6106 工作面；(c) 6104 工作面

（2）6106 工作面地裂缝分布规律

6106 工作面距开切眼 230~370 m 范围内地表主要采动裂缝分布如图 2-8(b)所示。观测范围内 6106 工作面地表采动裂缝平面分布形态呈正"凸"字形，与基岩层"O"形圈周期破断形态相似，且均为张开型裂缝，裂缝随工作面推进周期性产生，裂缝间间距 8.1~14.7 m，平均 11.7 m。地表采动裂缝在工作面中部张开量最大，至工作面两端边界逐渐减小并消失。6106 工作面典型张开型地裂缝发育形态如图 2-9(b)所示。

（3）6104 工作面地裂缝分布规律

6104 工作面自开切眼至推进 210 m 范围内地表主要采动裂缝分布如图 2-8(c)所示。6104 工作面自开切眼至推进 70 m 范围内地表形成沿采空区边缘分布的张开型裂缝，裂缝呈"O"形分布，裂缝张开量 0.2~0.4 m，塌陷坑内伴生有多条呈不同落差的台阶状切落裂缝，并在塌陷范围内形成一个漏斗状塌陷坑，漏斗直径 23 m，漏斗深 10 m。工作面推进 70~210 m 范围内，采空区地表周期性出现 8 组塌陷型采动裂缝，裂缝平面分布形态呈正"凸"字形，裂缝间间距 12.7~23.8 m，平均 17.5 m。6104 工作面典型塌陷型地裂缝发育形态如图 2-9(c)所示。

(a)   (b)   (c)

图 2-9 工作面典型地裂缝发育形态

(a) 4104 工作面(台阶型);(b) 6106 工作面(张开型);(c) 6104 工作面(塌陷型)

2.3 浅埋厚煤层开采地裂缝动态分布及发育特征

2.3.1 4104 工作面开采地裂缝动态分布及发育特征

自 2011 年 4 月 18 日至 4 月 30 日对 4104 工作面地表采动裂缝进行了现场观测统计，观测周期 1 d，累计观测 13 次，分析了地表采动裂缝的产生位置、随工作面推进的动态分布特征，观测期间工作面地表产生的 1# 和 2# 地裂缝随工作面推进的动态分布特征如图 2-10 所示。图中 x 轴为 4104 工作面面长方向距离，0～253 m 为工作面面长范围，小于 0 m 或者大于 253 m 为工作面两巷外侧范围。

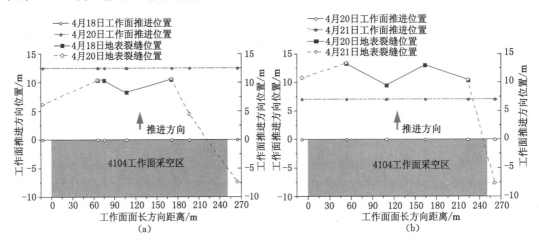

图 2-10 4104 工作面地表采动裂缝动态分布特征

(a) 1# 地裂缝;(b) 2# 地裂缝

由图 2-10 可以看出,4104 工作面地表采动裂缝产生位置平均超前工作面 10.7 m,随着工作面的推进,地裂缝向工作面两端扩展,裂缝与工作面之间的相对位置关系由超前工作面变为滞后工作面,裂缝延伸至工作面两巷外侧一定位置后不再向两端扩展,工作面地裂缝基本平行于工作面面长方向分布。

观测期间,工作面中部地裂缝发育早、裂缝形态发展变化快,实测 4104 工作面地表 1# 和 2# 地裂缝位于工作面中部对应位置的水平张开量及垂直错动量,得出工作面中部地裂缝随工作面推进的动态发育特征如图 2-11 所示。

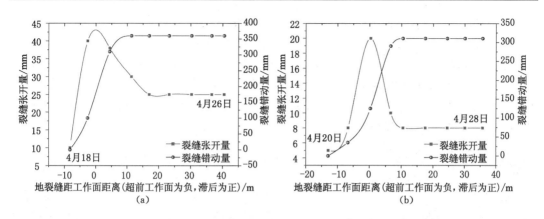

图 2-11 4104 工作面地表采动裂缝动态发育曲线

(a) 1# 地裂缝；(b) 2# 地裂缝

由图 2-11 可以看出，4104 工作面中部地裂缝随工作面的推进呈动态变化特征，裂缝张开量随工作面推进呈先增大后减小的变化规律，裂缝张开量最大值在超前工作面 0.6～3.4 m 范围内出现，随后张开量随裂缝滞后工作面距离的增大而减小。裂缝错动量随工作面的推进呈增大趋势，当裂缝超前工作面时，错动量变化不大，当裂缝滞后工作面 4.4～6.6 m 时，错动量急剧增大并达到最大值，且随着工作面的继续推进，裂缝错动量基本不变。

整理 4104 工作面中部液压支架在 2011 年 4 月 18 日至 28 日期间支护阻力随时间变化曲线并结合图 2-11 中地裂缝水平张开量与垂直错动量动态变化特征，得出 4104 工作面地表采动裂缝动态发育特征与工作面顶板来压之间关系如图 2-12 所示。

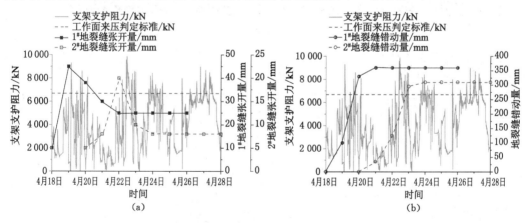

图 2-12 4104 工作面液压支架(ZY11000/22/45)支护阻力与地裂缝动态发育特征

(a) 裂缝张开量动态变化；(b) 裂缝错动量动态变化

由图 2-12 可以得出，观测期间 4104 工作面中部经历了 3 次周期来压，平均来压步距 18.7 m，平均来压强度(动载系数)2.14。对比分析地表采动裂缝随时间动态发育特征与工作面中部液压支架支护阻力，得出 4104 工作面周期来压(即覆岩顶板周期性破断)之后，地表 1# 采动裂缝水平张开量与垂直错动量均发生突变并达到最大值，而工作面下一次周期来压则导致 2# 地裂缝水平张开量与错动量发生突变并达到最大值。

2.3.2 6106 工作面开采地裂缝动态分布及发育特征

自 2014 年 3 月 5 日至 3 月 14 日对 6106 工作面地表采动裂缝进行了现场观测统计,观测周期 1 d,累计观测 10 次,分析了地表采动裂缝的产生位置、随工作面推进的动态分布特征,观测期间工作面地表产生的 1# 和 2# 地裂缝随工作面推进的动态分布特征如图 2-13 所示。图中 x 轴为 6106 工作面面长方向距离,0～127 m 为工作面面长范围,小于 0 m 或者大于 127 m 为工作面两巷外侧范围。

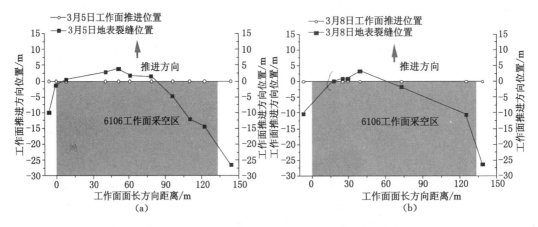

图 2-13　6106 工作面地表采动裂缝动态分布特征

(a) 1# 地裂缝;(b) 2# 地裂缝

由图 2-13 可以看出,工作面地表为岩石覆盖层时,采动裂缝产生具有突然性且贯穿整个工作面面长方向,工作面中部产生的地裂缝平均超前工作面 3.6 m,工作面两巷侧产生的地裂缝滞后工作面 10.0～26.5 m。6106 工作面地裂缝沿工作面推进方向呈正"凸"字形分布。

实测 6106 工作面地表 1# 和 2# 地裂缝位于工作面中部对应位置的水平张开量及垂直错动量,得出工作面中部地裂缝随工作面推进的动态发育特征如图 2-14 所示。

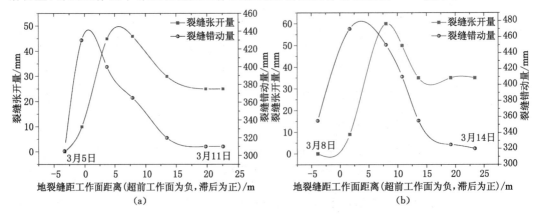

图 2-14　6106 工作面地表采动裂缝动态发育曲线

(a) 1# 地裂缝;(b) 2# 地裂缝

由图 2-14 可以看出,6106 工作面中部地裂缝随工作面推进动态变化特征不明显,裂缝张开量一般在 300 mm 以上且变化不大,裂缝错动量一般在 60 mm 以内。

6106 工作面地表采动裂缝动态发育特征与工作面顶板来压之间关系如图 2-15 所示。由图 2-15 可以得出,观测期间 6106 工作面中部经历了 3 次周期来压,平均来压步距 12.95 m,平均来压强度 1.81。6106 工作面周期来压(即覆岩顶板周期性破断)之后,地表采动裂缝张开量和错动量明显增大。

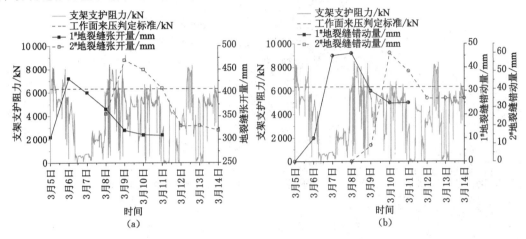

图 2-15　6106 工作面液压支架(ZF6800/22/35)支护阻力与地裂缝动态发育特征

(a) 裂缝张开量动态变化;(b) 裂缝错动量动态变化

2.3.3　6104 工作面开采地裂缝动态分布及发育特征

自 2014 年 9 月 15 日至 9 月 30 日对 6104 工作面进行了地表采动裂缝的现场观测,观测周期 1 d,累计观测 16 次,观测期间工作面地表产生的 1# 和 2# 裂缝随工作面推进的动态分布特征如图 2-16 所示。图中 x 轴为 6104 工作面面长方向距离,0~148 m 范围内为工作面面长,小于 0 m 或者大于 148 m 范围为工作面开采范围以外位置。

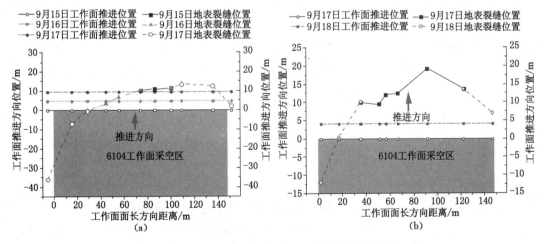

图 2-16　6104 工作面地表采动裂缝动态分布特征

(a) 1# 地裂缝;(b) 2# 地裂缝

由图 2-16 可以看出,工作面地表采动裂缝平均超前工作面中部 11.8 m 位置出现,随着工作面的继续推进,采动裂缝向工作面两端扩展,并且由超前工作面转变为滞后工作面,地表采动裂缝出现后发展变化迅速，一般在 1～2 d 内发育贯穿整个工作面且不再向工作面两侧继续延展。地表采动裂缝最终发育形态为沿工作面推进方向的正"凸"字形。

实测 6104 工作面地表 1# 和 2# 地裂缝位于工作面中部对应位置的水平张开量及垂直错动量，得出工作面中部地裂缝随工作面推进的动态发育特征如图 2-17 所示。

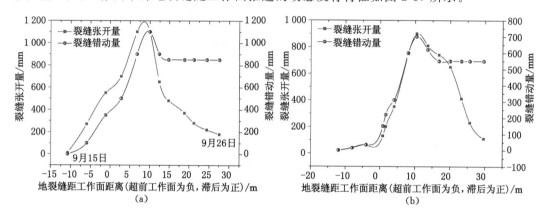

图 2-17　6104 工作面地表采动裂缝动态发育曲线
(a) 1# 地裂缝；(b) 2# 地裂缝

由图 2-17 可以看出，6104 工作面中部地裂缝随工作面的推进呈现动态变化特征，裂缝张开量随工作面推进先增大后减小，裂缝张开量最大值在其滞后工作面 10 m 左右位置出现，随后裂缝的张开量随裂缝滞后工作面距离的增大而逐渐减小，当裂缝滞后工作面 30 m 左右时，裂缝的张开量小于 200 mm，并将在一段时期内逐渐减小并趋于闭合。由于地表土体的挤压作用，裂缝落差在达到最大值后，其值保持不变。

6104 工作面地表采动裂缝动态发育特征与工作面顶板来压之间关系如图 2-18 所示。

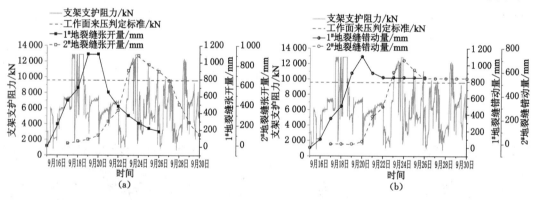

图 2-18　6104 工作面液压支架（ZF13000/22/42）支护阻力与地裂缝动态发育特征
(a) 裂缝张开量动态变化；(b) 裂缝错动量动态变化

由图 2-18 可以得出，观测期间 6104 工作面中部经历了 3 次周期来压，平均来压步距 18.0 m，平均来压强度 1.29。对比分析地表采动裂缝随时间动态发育特征与工作面中部液压支架支护阻力，得出 6104 工作面周期来压之后（即覆岩顶板周期性破断后），地表 1# 采动裂缝张开量和错动量出现突变并达到最大值。工作面下一次周期来压则导致 2# 裂缝尺寸参数的突变并达到最大值,此时,$1^{\#}$ 采动裂缝张开量和错动量因工作面后方岩层运动趋于稳定而呈减小趋势。

2.4 浅埋厚煤层工作面漏风特征及采空区气体浓度分布规律

2.4.1 浅埋厚煤层开采工作面地表漏风强度现场统计分析

在串草圪旦煤矿 4104 工作面、6106 工作面以及 6104 工作面正常生产过程中,连续现场实测各工作面 16 个生产班的漏风情况,统计得出各工作面漏风强度对比如图 2-19 所示。

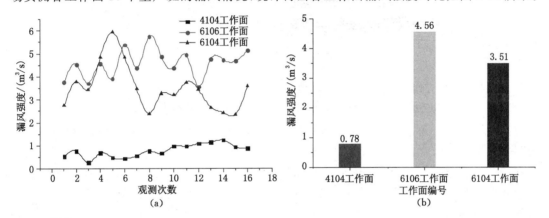

图 2-19　工作面漏风强度对比分析
(a) 工作面漏风强度连续观测结果;(b) 工作面平均漏风强度对比

由图 2-19 可以看出,4104 工作面平均漏风强度为 0.78 m^3/s,6106 工作面平均漏风强度为 4.56 m^3/s,4104 工作面平均漏风强度为 3.51 m^3/s。结合上述各工作面地裂缝发育形态特征,可知 4104 工作面地表采动裂缝一般发育形态为台阶型裂缝,裂缝张开量较小,漏风强度最小;而 6106 工作面和 6104 工作面地表采动裂缝表现为张开型或塌陷型裂缝,裂缝张开量较大,漏风强度较大。

2.4.2 浅埋厚煤层开采工作面采空区内气体浓度分布规律

在采空区内预理束管,采用埋管抽气法测定采空区各气体成分及浓度分布。收集气样球胆及气体组分分析仪器如图 2-20 所示。

(1) 4104 工作面采空区内气体浓度分布规律

对 4104 工作面采空区进行气样采集,并对取得的气样进行色谱分析,得到采空区内测点气体组分及其浓度。4104 工作面采空区内未监测到乙烯、乙烷和乙炔,部分测点可监测到低浓度的甲烷。2012 年 4 月 18 日至 5 月 9 日期间,4104 工作面采空区测点气体组分及浓度统计如表 2-2 所示。图 2-21 为 4104 工作面采空区内距离工作面不同位置处各组分气体浓度分布。

由表 2-2 和图 2-21 可以看出,4104 工作面采空区 O_2 浓度和 CO 浓度随工作面的推进呈现阶段性分布,随着工作面的推进,采空区测点处的 O_2 浓度总体趋于降低,而 CO 浓度则趋于增大。距工作面 0～32.6 m 范围内 O_2 浓度在 18.944 3%～20.072 8%范围内波动且变

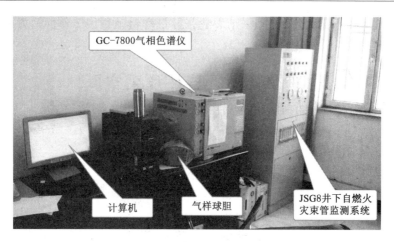

图 2-20　采空区气样采集及组分分析仪器

化不大,而 CO 浓度在 $26\times10^{-6}\sim37\times10^{-6}$ 之间波动,表明此范围采空区遗煤氧化反应较慢,产生 CO 浓度较低。距工作面 32.6～96.6 m 范围内 O_2 浓度由 19.882 4% 连续下降至 14.157 1%,而 CO 浓度在此范围内波动较大并达到最大值 90×10^{-6},表明此范围内采空区遗煤氧化反应加快,消耗一定浓度的 O_2 并产生 CO。距工作面 96.6 m 之后,采空区内 O_2 浓度在 14% 左右波动且变化很小,而 CO 浓度则保持在 40×10^{-6} 左右波动,表明此范围内遗煤氧化反应基本终止。根据 4104 工作面采空区内 O_2 和 CO 浓度的变化,可初步得出 4104 工作面采空区散热带范围为距工作面 0～32.6 m,氧化升温带范围为距工作面 32.6～96.6 m,窒息带范围为距工作面 100.9 m 以远。另外,由于 4104 工作面地表漏风量较小,其采空区"自燃"三带分布规律与一般采煤工作面区别不大。

表 2-2　　　　　　　　　　　4104 工作面采空区测点气体组分及其浓度

日　　期	测点距工作面距离/m	CO 浓度/$\times10^{-6}$	CO_2 浓度/%	O_2 浓度/%	N_2 浓度/%
4 月 18 日	0.8	34	1.432 2	18.944 3	79.617 9
4 月 19 日	5.6	27	0.625 7	19.961 3	79.608 4
4 月 20 日	11.2	26	0.645 6	19.609 5	79.740 5
4 月 21 日	16.8	28	0.435 4	20.072 8	79.487 3
4 月 22 日	23.2	37	0.763 0	18.944 2	80.285 9
4 月 23 日	29.6	29	0.627 9	19.981 3	79.386 2
4 月 24 日	32.6	29	0.707 9	19.882 4	79.431 7
4 月 25 日	36.8	30	0.988 0	17.897 5	81.104 3
4 月 26 日	40	28	0.931 5	17.966 0	81.092 4
4 月 27 日	44.6	90	2.312 0	14.650 0	83.003 2
4 月 28 日	51	88	2.314 0	14.440 0	83.213 2
4 月 29 日	53.4	73	2.312 1	14.318 0	83.343 2
4 月 30 日	57.4	73	2.312 1	14.318 0	83.343 2
5 月 1 日	63.8	31	1.518 6	16.155 3	83.318 1

日　　　期	测点距工作面距离/m	CO 浓度/×10⁻⁶	CO₂浓度/%	O₂浓度/%	N₂浓度/%
5 月 2 日	71	36	2.319 4	15.157 1	83.015 5
5 月 3 日	77.4	30	3.339 3	13.784 9	83.365 1
5 月 4 日	84.6	50	3.310 9	14.157 1	83.021 4
5 月 5 日	91	46	3.757 7	14.187 5	82.547 4
5 月 6 日	96.6	35	3.804 7	14.097 5	82.588 6
5 月 7 日	103.8	38	3.475 5	14.110 7	82.904 4
5 月 8 日	111	39	3.699 3	14.052 2	82.741 4
5 月 9 日	118.2	42	3.558 5	14.345 2	82.588 5

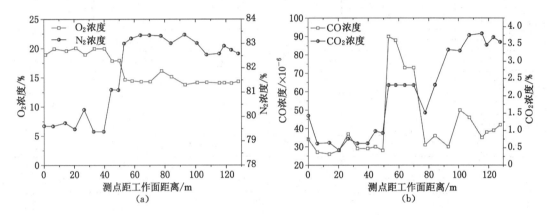

图 2-21　4104 工作面采空区内各组分气体浓度分布

(a) O₂与 N₂；(b) CO 与 CO₂

(2) 6106 工作面采空区内气体浓度分布规律

2014 年 5 月 8 日至 2014 年 6 月 23 日期间,6106 工作面采空区测点气体组分及浓度统计如表 2-3 所示。根据表 2-3,得出 6106 工作面采空区内距离工作面不同位置处各组分气体浓度分布见图 2-22。

表 2-3　　　　　　　　　　6106 工作面采空区测点气体组分及其浓度

日　　　期	测点距工作面距离/m	CO 浓度/×10⁻⁶	CO₂浓度/%	O₂浓度/%	N₂浓度/%
5 月 8 日	8.0	30	0.468 1	19.949 7	79.578 3
5 月 10 日	18.1	98	1.458 7	19.014 2	79.616 9
5 月 12 日	25.5	141	1.781 7	18.954 7	79.351 7
5 月 14 日	34.2	127	2.035 1	18.995 0	79.058 8
5 月 16 日	42.2	134	2.100 5	18.991 6	78.996 1
5 月 18 日	49.6	137	2.168 1	18.368 4	79.551 5
5 月 20 日	58.7	140	2.658 1	18.641 9	78.788 5
5 月 22 日	66.0	130	2.469 1	18.884 3	78.735 5

续表 2-3

日 期	测点距工作面距离/m	CO 浓度/×10⁻⁶	CO₂浓度/%	O₂浓度/%	N₂浓度/%
5月24日	72.0	130	2.594 0	13.269 4	84.125 5
5月26日	78.6	134	2.659 1	13.295 4	84.034 0
5月28日	84.6	152	2.724 9	12.982 6	84.278 9
5月30日	90.6	148	2.856 2	12.753 9	84.376 7
6月1日	96.5	156	2.594 8	13.714 4	83.687 3
6月3日	103.6	154	2.333 4	14.674 9	82.997 9
6月5日	110.4	144	2.895 6	12.351 3	84.739 3
6月7日	116.7	140	2.885 9	12.858 4	84.653 2
6月9日	124.2	145	2.493 7	13.868 7	83.629 4
6月11日	130.9	156	2.728 5	13.113 7	84.143 5
6月13日	138.3	150	2.667 4	12.020 9	85.297 9
6月15日	146.4	136	2.366 8	13.280 4	84.341 6
6月17日	155.7	136	2.441 7	13.060 1	84.486 7
6月19日	162.7	133	2.480 6	13.250 2	84.258 3
6月21日	171.6	135	2.375 3	13.994 5	83.818 8
6月23日	179.1	139	2.658 1	13.541 9	83.788 5

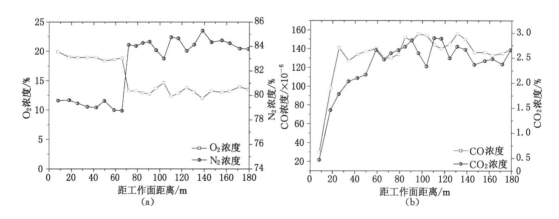

图 2-22　6106 工作面采空区内各组分气体浓度分布

(a) O₂与 N₂;(b) CO 与 CO₂

由表 2-3 与图 2-22 可以看出,6106 工作面采空区 O₂浓度具有分阶段分布特征,距工作面 0～66 m 范围内,O₂浓度在 18.884 3%～19.949 4%之间波动,而 CO 浓度随工作面的推进没有明显的阶段性分布特征,在 100×10^{-6}～160×10^{-6},平均 134.4×10^{-6}。由于地表漏风严重,漏风风流为采空区遗煤提供了连续供氧环境,使其氧化反应持续进行并产生 CO,且 CO 随漏风风流向工作面方向运动,造成采空区内 CO 浓度整体偏高,对工作面的安全生产造成隐患。

(3) 6104 工作面采空区内气体浓度分布规律

2014 年 12 月 12 日至 2015 年 1 月 15 日期间,6104 工作面采空区测点气体组分及浓度统计如表 2-4 所示。

表 2-4　　　　　　　　6104 工作面采空区测点气体组分及其浓度

日　　　期	测点距工作面距离/m	CO 浓度/×10⁻⁶	CO₂ 浓度/%	O₂ 浓度/%	N₂ 浓度/%
12 月 13 日	6.1	30	0.326 9	19.806 7	79.163 4
12 月 14 日	11.0	96	3.755 7	19.027 5	78.804 7
12 月 15 日	15.6	96	3.804 7	18.934 5	78.848 6
12 月 16 日	20.9	98	3.475 5	18.947 7	79.164 4
12 月 17 日	25.0	100	3.211 2	19.154 1	79.221 9
12 月 18 日	28.1	99	3.693 0	18.892 2	79.001 4
12 月 19 日	29.7	102	3.552 1	19.185 2	78.848 5
12 月 20 日	32.8	103	3.413 9	19.089 8	79.081 8
12 月 21 日	36.0	105	3.463 1	19.232 9	78.888 4
12 月 22 日	41.0	106	3.309 1	19.253 3	79.022 3
12 月 23 日	45.1	105	3.137 5	18.561 6	79.886 1
12 月 24 日	46.7	107	3.128 8	18.747 3	79.708 4
12 月 25 日	50.7	106	3.491 3	18.678 0	79.415 9
12 月 26 日	54.4	108	3.248 6	15.052 5	81.683 1
12 月 27 日	57.8	110	3.834 2	15.867 3	81.482 4
12 月 28 日	59.4	114	3.490 8	15.900 2	81.692 4
12 月 29 日	62.6	112	3.238 3	15.116 9	81.328 1
12 月 30 日	65.5	110	3.339 3	15.116 9	81.525 1
12 月 31 日	68.7	115	3.561 0	15.851 0	81.557 1
1 月 1 日	72.0	120	3.301 9	15.497 1	81.481 4
1 月 2 日	75.1	126	3.744 7	15.816 7	82.116 5
1 月 3 日	78.3	130	3.170 1	15.477 5	81.629 5
1 月 4 日	81.5	130	3.658 6	15.650 5	81.653 4
1 月 5 日	84.7	128	3.104 3	15.704 6	82.165 5
1 月 6 日	86.5	125	3.744 6	15.816 7	81.708 7
1 月 7 日	88.0	125	3.466 5	15.625 8	81.880 1
1 月 8 日	89.2	127	3.117 8	15.907 4	81.973 0
1 月 9 日	93.8	124	3.490 8	15.900 2	82.587 1
1 月 10 日	98.4	128	3.064 2	15.605 1	81.801 6
1 月 11 日	100.0	120	3.519 7	15.199 4	82.016 1
1 月 12 日	104.2	127	3.518 7	15.199 4	82.730 6
1 月 13 日	107.1	118	3.439 4	15.072 8	82.445 1
1 月 14 日	110.3	114	3.323 1	16.318 0	82.343 2
1 月 15 日	113.5	116	3.339 3	15.124 9	82.525 1

图 2-23 为 6104 工作面采空区内距离工作面不同位置处各组分气体浓度分布。6104 工作面采空区 O₂ 浓度和 CO 浓度变化特征与 6106 工作面相似,由于 6104 工作面地表漏风强

度比 6106 工作面低,故其采空区内遗煤氧化反应相对较慢,CO 浓度则在 $90\times10^{-6}\sim130\times10^{-6}$,平均 111.2×10^{-6}。

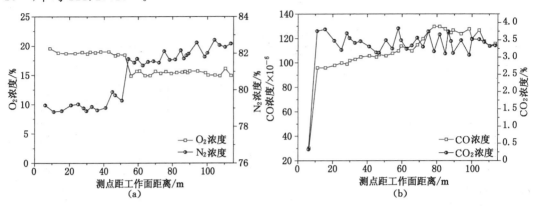

图 2-23　6104 工作面采空区内各组分气体浓度分布
(a) O_2 与 N_2;(b) CO 与 CO_2

2.4.3　地表漏风强度对工作面上隅角 CO 气体浓度的影响

浅埋厚煤层开采工作面地表漏风不仅造成采空区 CO 浓度增大,且随着漏风强度的增大,采空区 CO 随漏风风流进入工作面,造成上隅角 CO 浓度的变化。实测工作面地表漏风强度与上隅角 CO 浓度变化如表 2-5 和图 2-24 所示。

表 2-5　　　　　浅埋厚煤层开采工作面地表漏风强度与上隅角 CO 浓度

观测次数	4104 工作面(综采)		6106 工作面(综放开采)		6104 工作面(综放开采)	
	地表漏风强度/(m³/s)	上隅角 CO 浓度/×10⁻⁶	地表漏风强度/(m³/s)	上隅角 CO 浓度/×10⁻⁶	地表漏风强度/(m³/s)	上隅角 CO 浓度/×10⁻⁶
1	0.54	12	3.76	26	2.74	18
2	0.77	13	4.54	36	3.79	26
3	0.28	5	3.71	21	3.44	33
4	0.70	14	4.55	37	4.86	39
5	0.49	8	3.91	25	5.93	57
6	0.44	11	5.38	61	4.86	45
7	0.56	9	4.39	42	3.46	35
8	0.77	11	5.75	62	2.39	19
9	0.67	12	4.88	49	3.27	34
10	0.97	17	4.39	55	3.20	28
11	0.97	16	4.93	44	3.76	30
12	1.09	19	3.56	40	3.44	29
13	1.15	19	4.75	41	2.66	13
14	1.24	17	4.73	32	2.43	15
15	0.95	16	4.67	47	2.35	19
16	0.88	10	5.12	60	3.59	31

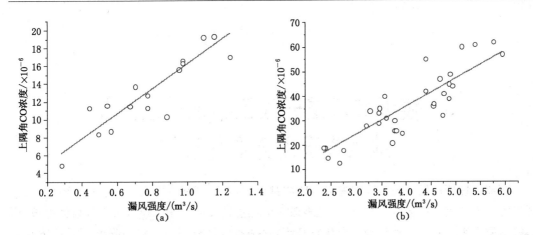

图 2-24 浅埋厚煤层开采工作面漏风强度与上隅角 CO 浓度变化相关关系
(a) 综采工作面;(b) 综放工作面

由表 2-5 和图 2-24 可以看出,浅埋厚煤层开采工作面上隅角 CO 浓度与地表漏风强度呈线性相关关系,随着地表漏风强度的增大,上隅角 CO 浓度呈增大趋势。

综上所述,浅埋厚煤层开采工作面地表漏风强度受地表采动裂缝发育形态及尺寸参数的影响,地表台阶型地裂缝水平张开量小,工作面地表漏风强度低,而张开型与塌陷型地裂缝水平张开量大,工作面地表漏风强度高。浅埋厚煤层开采工作面地表漏风,不仅造成采空区内连续的供氧环境,加快采空区遗煤的氧化反应,且遗煤氧化产生的 CO 会随漏风风流进入工作面,造成工作面上隅角 CO 浓度增大,影响工作面的安全生产。

3 浅埋厚煤层开采三维地质建模及地表损害动态变化规律

西部浅埋厚煤层开采地表普遍存在沟谷地貌,且煤层开采厚度大、埋藏浅。浅埋厚煤层开采条件下地表沟谷区域开采沉陷、地表破坏的动态性发展变化规律以及沟谷坡体滑坡、塌陷等地质灾害的发生机理与动态变化特征等,对沟谷区域浅埋厚煤层高强度开采地表裂缝的分布范围以及地表损害的预测、控制等具有重要的指导意义,也是需要深入研究的科学内容。然而,现有研究一般采用二维平面相似模拟与数值计算模型,将地表沟谷地形进行简化处理,而沟谷区域浅埋煤层开采是涉及井上下三维空间内的开采活动,因此采用三维地质建模与理论分析相结合的研究方法更加符合现场生产实际。本章基于串草圪旦煤矿沟谷区域浅埋厚煤层开采工程地质条件,采用三维地质建模、数值计算以及理论分析相结合的研究方法,分别研究了串草圪旦煤矿不同赋存条件下浅埋厚煤层工作面沟谷区域开采覆岩应力动态分布特征及塑性破坏区动态分布规律,地表位移与沉陷动态变化特征及其影响范围,以及地表移动变形及覆岩采动裂缝三维分布形态等。对沟谷区域浅埋厚煤层开采条件下,地表沉陷预测及采动裂缝分布范围变化研究等具有重要意义。

3.1 浅埋厚煤层开采工程地质条件及三维地质建模

3.1.1 浅埋厚煤层开采工程地质条件分析及三维地质建模

为了分析沟谷区域浅埋厚煤层开采的地表损害,需要对地表地形进行三维仿真建模。本节以串草圪旦煤矿开采区域 A 为例(见图 3-1),通过对计算区域内地表等高线数据的采集与处理、FLAC³ᴰ地表地貌建模与形成以及层状煤岩层拟合与开采区域划分等步骤,对沟谷区域浅埋厚煤层开采条件三维地质建模进行了分析。

矿井开采区域地表为典型侵蚀性黄土高原地貌,地形起伏较大,沟谷纵横,植被稀少,地形较为复杂。井田内被新生界松散沉积物广泛覆盖,新生界以下老地层出露不多,只有在较大沟谷及沟谷两侧才有基岩出露,属于典型的沟谷区域浅埋厚煤层开采。另外,工作面开采煤层厚度大且推进速度快(6206 与 6205 工作面开采时间均在半年左右),使得煤层开采范围快速增大,高强度的开采活动使得覆岩及地表活动剧烈且更具动态变化特征。6206 与6205 工作面开采期间,采空区地表沟谷区域常发生大范围滑坡、塌陷等地质灾害[见图 3-2(a)与图 3-2(b)],严重影响地表生态环境,造成地表建筑及道路毁坏[见图 3-2(c)]。

在开采范围内 O 点处钻孔取芯,通过物理力学分析,得出开采范围内煤岩层地质柱状图与各岩层物理力学参数如图 3-3 所示。

(1) 地表地形数据的采集与处理

开采区域 A 内地表地形等高线示意如图 3-4 所示。采用相关软件,将图 3-4 中等高线

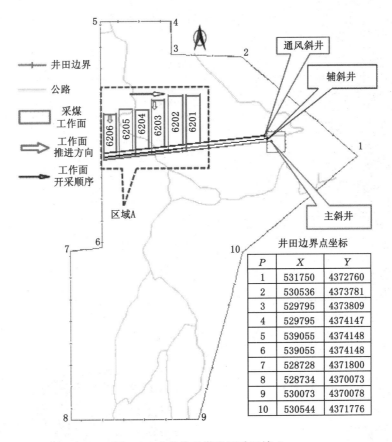

| 井田边界点坐标 | | |
P	X	Y
1	531750	4372760
2	530536	4373781
3	529795	4373809
4	529795	4374147
5	539055	4374148
6	539055	4374148
7	528728	4371800
8	528734	4370073
9	530073	4370078
10	530544	4371776

图 3-1　串草圪旦煤矿开采区域 A

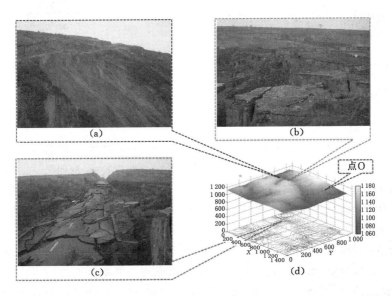

图 3-2　开采范围内地表地形与开采损害(单位:m)

(a)地表沟谷滑坡;(b)地表沉陷;(c)公路破坏;(d)开采区域地表等高线(区域 A)

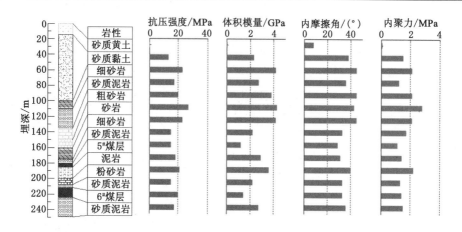

图 3-3　煤岩层地质柱状图（O 点）

上控制点的三维坐标数据导出。利用 suffer 软件，采用克里格插值法将导出数据进行整合化处理，使得区域内网格剖分纵、横数量一致，且界面相应网格节点只对应一个高程数据。模拟范围长×宽＝1 360 m×1 050 m，按 10 m 间距划分为 137 行、106 列，共 14 522 个地表高程数据点。suffer 软件处理后地表三维地形图如图 3-5 所示。

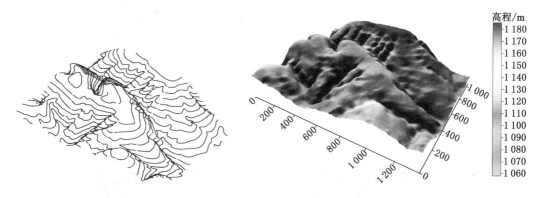

图 3-4　开采区域 A 内地表地形等高线示意　　　　　图 3-5　地表三维地形图

（2）FLAC^{3D}地表地貌建模与形成

将 suffer 软件中地表各点高程数据另存为 *.dat 文件，该文件包含了地表所有网格节点的三维坐标，其数据存储形式为 $\{x_{i_s}, y_j, z_{ij}\}$，其中，i 为行数，j 为列数，z_{ij} 为对应点高程。

数值模拟建模首先要将模拟的几何体划分为若干微小单元体。对不规则的地质体而言，FLAC^{3D}中六面体块体划分简便，文件容量小，综合考虑单元划分的有效性和可操作性，采用六面体单元建立地表地貌模型。

通过 FLAC^{3D}中 fish 语言，将 *.dat 文件中各点数据依次读出并建立得到逐行或逐列排列的微小六面体单元，最终生成计算范围内地形地貌。根据以上建模思想，采用 10 m 间距的平面网格，对研究区域黄土沟壑（高程 883～1 180 m）进行建模，得到由六面体单元生成的三维地质体模型如图 3-6 所示。

（3）层状煤岩层拟合与开采区域划分

根据图 3-2(d)和图 3-3 所示内容，采用 FLAC^{3D}数值模拟软件，对串草圪旦煤矿开采区

图 3-6 883 m 高程以上六面体单元生成的三维地质模型

域内地表沟谷地形与下伏煤岩层进行拟合,并对各煤岩层及开采巷道与工作面进行建模如图 3-7 所示,计算模型尺寸为 $X \times Y \times Z$:1 360 m×1 050 m×292 m。

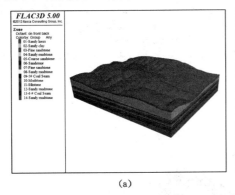 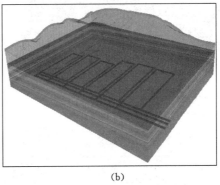

(a)   (b)

图 3-7 数值计算模型的建立及煤层开采分布

(a) 数值计算模型;(b) 回采巷道及工作面分布

计算模型中开采工作面尺寸参数如表 3-1 所示。

表 3-1   计算模型中开采工作面尺寸参数

工作面序号	工作面实际开采范围			计算模型中开采范围		
	面长/m	开采长度/m	采高/m	X/m	Y/m	Z/m
6206	150	385	12.8	60～210	300～680	14～22
6205	160	420	12.8	230～390	300～720	14～22
6204	160	390	12.8	410～570	300～690	14～22
6203	150	460	12.8	590～740	300～760	14～22
6202	180	480	12.8	760～940	300～780	14～22
6201	170	470	12.8	960～1 130	300～770	14～22

根据最大切应力理论,沟谷区域坡体发生滑坡的根本原因在于土体内部某个面上的剪切应力达到了其抗剪强度,稳定平衡遭到破坏。某一点处剪切应力 τ 可通过这一点处最大主应力与最小主应力计算得出,即:

$$\tau = \frac{\sigma_1 - \sigma_3}{2} \sin 2\beta \tag{3-1}$$

式中　σ_1, σ_3——分别为某一点处的最大主应力和最小主应力；

　　　　β——剪切应力 τ 作用平面与最大主应力 σ_1 作用面的夹角。

当 $\beta = 45°$ 时,根据式(3-1)计算得到此点最大剪切应力,即:

$$\tau_{max} = \frac{\sigma_1 - \sigma_3}{2} \tag{3-2}$$

图 3-8 所示为地表沟谷坡体最大剪切应力分布情况。

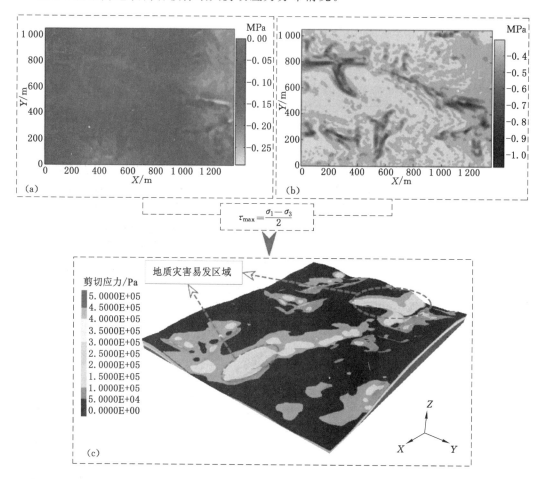

图 3-8　地表沟谷区域最大剪切应力分布

(a) 最大主应力;(b) 最小主应力;(c) 最大剪切应力

由图 3-8 可看出,地表沟谷坡体最大剪切应力自坡顶向沟底方向集中,且应力集中程度随坡体坡角的增大而增大,表明沟谷坡体具有向沟底方向发生滑坡的趋势,且坡体坡角越大,滑坡发生概率越大。在煤层开采扰动影响下,地表坡体应力平衡状态失稳,坡体沿最大剪切应力作用平面发生滑坡、塌陷等地质灾害。

根据以上分析,沟谷地形的存在不仅影响下伏煤层原岩应力分布,对煤层的开采产生影响,且地表沟谷区域存在剪切应力集中,易发生地质灾害。在煤层开采过程中,应特别注意地质灾害易发区域应力场、位移场及破坏场的变化情况,避免开采诱发的地质灾害的发生。

3.1.2　典型开采工作面数值计算模型的建立与研究内容

图 3-9 所示为串草圪旦煤矿 4104 工作面、6106 工作面及 6104 工作面开采井下布置及地表沟谷形态。由图中可以看出,开采工作面地表沟谷形态多样、沟谷落差较大,4104 工作面地表沟谷落差为 80 m 左右,6106 工作面地表沟谷落差为 90 m 左右,6104 工作面地表沟谷落差为 110 m 左右,且 6104 工作面开采位于 4104 工作面采空区下进行。

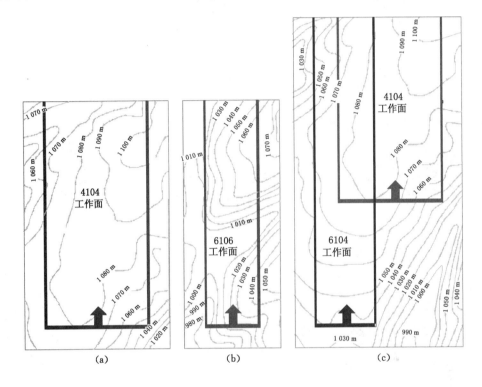

图 3-9　工作面布置及地表等高线分布

(a) 4104 工作面;(b) 6106 工作面;(c) 6104 工作面

根据图 3-9 所示内容,采用 FLAC³ᴰ数值模拟软件,对各工作面开采区域地表沟谷地形与下伏煤岩层进行拟合,建立三维地质模型如图 3-10 所示。图中 4104 工作面开采数值计算模型尺寸为 $X \times Y \times Z$:360 m×600 m×142 m;6106 工作面开采数值计算模型尺寸为 $X \times Y \times Z$:240 m×600 m×172 m;6104 工作面开采数值计算模型尺寸为 $X \times Y \times Z$:420 m×800 m×182 m。

根据图 2-8 和图 3-3 所示岩性柱状图,对各模型中煤岩层物理力学参数赋值。原始应力分布如图 3-11 所示。

由图 3-11 可以看出,地表沟谷地形的存在对其下伏煤岩层原岩应力分布产生影响。煤层的开采引起上覆岩层应力分布、塑性破坏区分布及位移分布的变化特征必然异于普通浅埋煤层开采。对各工作面煤层进行开挖,并研究以下内容:

(1) 随工作面开采覆岩应力及塑性破坏区动态变化规律;

(2) 随工作面开采地表位移及沉陷动态变化规律;

(3) 随工作面开采地表移动变形及采动裂缝三维分布。

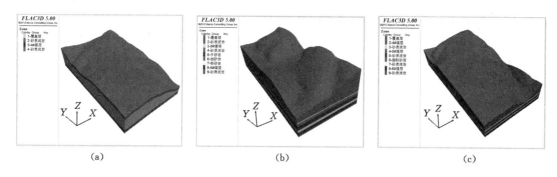

图 3-10　典型开采工作面数值计算模型
(a) 4104 工作面；(b) 6106 工作面；(c) 6104 工作面

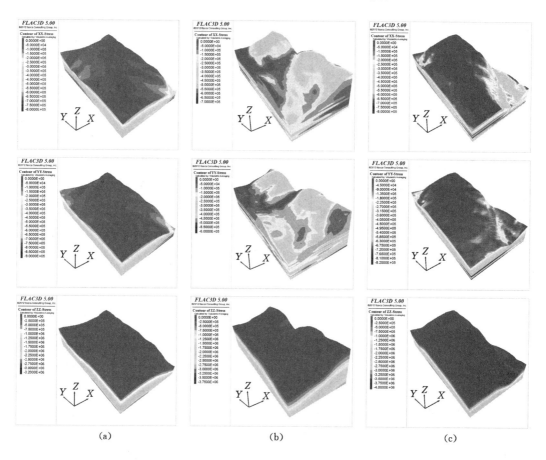

图 3-11　典型开采工作面煤岩层原岩应力分布
(a) 4104 工作面；(b) 6106 工作面；(c) 6104 工作面

3.2　4104 工作面开采地表沉陷及损害动态变化规律

3.2.1　随工作面开采覆岩应力及塑性破坏区动态变化规律

图 3-12 所示为 4104 工作面开采覆岩垂直应力动态分布情况。由图中可以看出，4104

工作面开采覆岩失稳运动直通地表,并引起地表移动变形。工作面煤壁超前支承压力峰值在 5.5~9.0 MPa,应力集中系数 1.57~2.57,超前支承压力影响范围 15~25 m,工作面开采时动压显现明显。

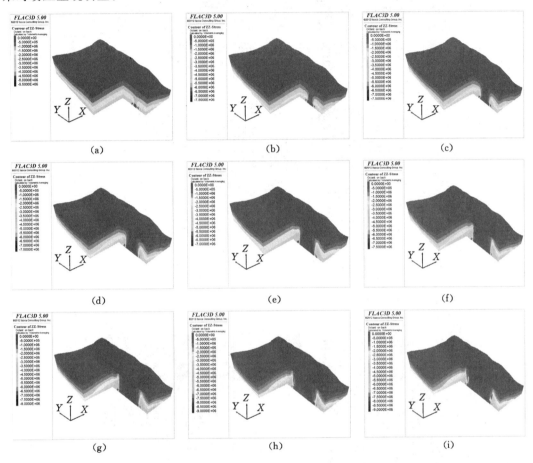

(a)　　　　　　　　　　(b)　　　　　　　　　　(c)

(d)　　　　　　　　　　(e)　　　　　　　　　　(f)

(g)　　　　　　　　　　(h)　　　　　　　　　　(i)

图 3-12　4104 工作面开采覆岩垂直应力动态分布

(a) 推进 30 m;(b) 推进 50 m;(c) 推进 70 m;(d) 推进 90 m;(e) 推进 110 m;

(f) 推进 130 m;(g) 推进 150 m;(h) 推进 170 m;(i) 推进 190 m

4104 工作面开采地表主应力及剪切应力动态分布特征见图 3-13 和图 3-14。图 3-15 所示为 4104 工作面不同推进距离下覆岩塑性破坏区动态分布。

由图 3-13 至图 3-15 可以看出,工作面采空区覆岩失稳运动导致地表应力场发生动态变化,具体表现为采空区四周地表出现拉应力分布区域[见图 3-13(b)至图 3-13(d)],在拉应力作用下地表产生未贯通采空区的张开型裂缝[见图 3-15(c)至图 3-15(e)]。当工作面推进 130 m 时,采空区上方地表剪切应力明显增大[见图 3-14(d)],表明地表产生直通采空区的地裂缝,受剪应力作用,地裂缝表现为台阶下沉[见图 3-15(f)]。随着工作面的不断推进,地表周期性产生直接连通地表与采空区的地裂缝[见图 3-15(g)至图 3-15(i)]。

3.2.2　随工作面开采地表位移及沉陷动态变化规律

图 3-16 所示为 4104 工作面开采地表位移等值线分布情况。不同推进距离下 4104 工作面中部测线地表水平位移与垂直位移见图 3-17 和图 3-18。

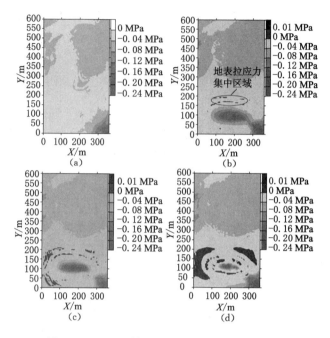

图 3-13　4104 工作面开采地表主应力动态分布

（a）地表原始主应力；（b）推进 90 m；（c）推进 110 m；（d）推进 130 m

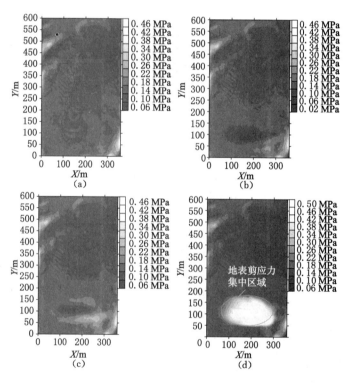

图 3-14　4104 工作面开采地表剪切应力动态分布

（a）地表原始切应力；（b）推进 90 m；（c）推进 110 m；（d）推进 130 m

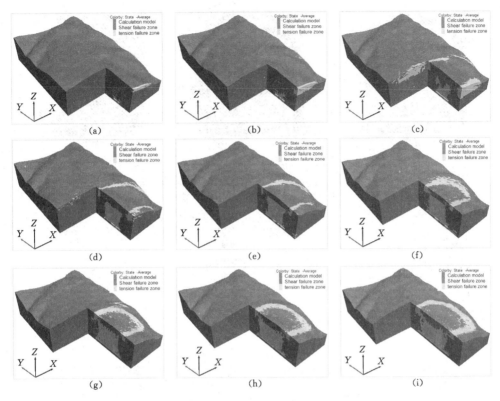

图 3-15 4104 工作面开采覆岩塑性破坏区动态分布

（a）推进 30 m；（b）推进 50 m；（c）推进 70 m；（d）推进 90 m；（e）推进 110 m；

（f）推进 130 m；（g）推进 150 m；（h）推进 170 m；（i）推进 190 m

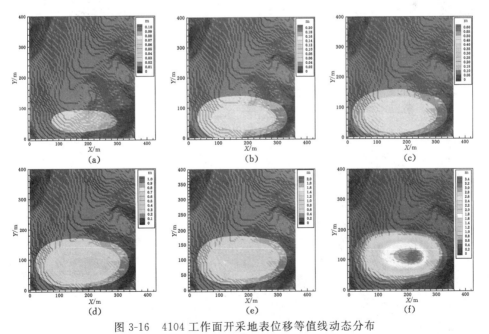

图 3-16 4104 工作面开采地表位移等值线动态分布

（a）推进 30 m；（b）推进 50 m；（c）推进 70 m；（d）推进 90 m；（e）推进 110 m；（f）推进 130 m

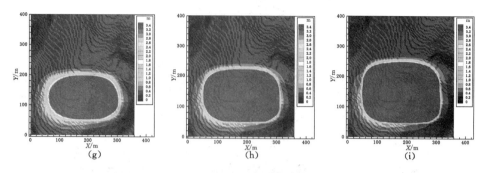

续图 3-16　4104 工作面开采地表位移等值线动态分布

（g）推进 150 m；（h）推进 170 m；（i）推进 190 m

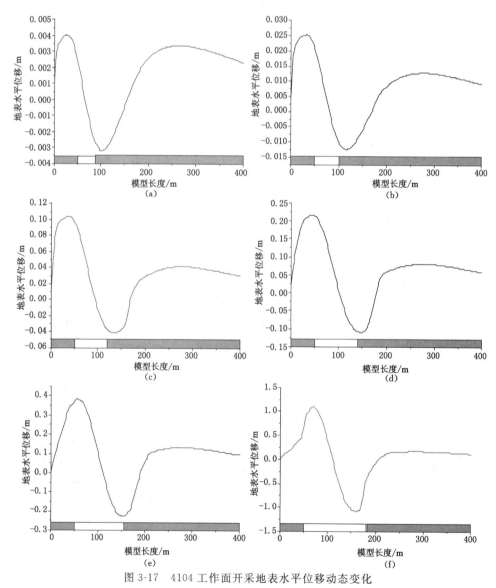

图 3-17　4104 工作面开采地表水平位移动态变化

（a）推进 30 m；（b）推进 50 m；（c）推进 70 m；（d）推进 90 m；（e）推进 110 m；（f）推进 130 m

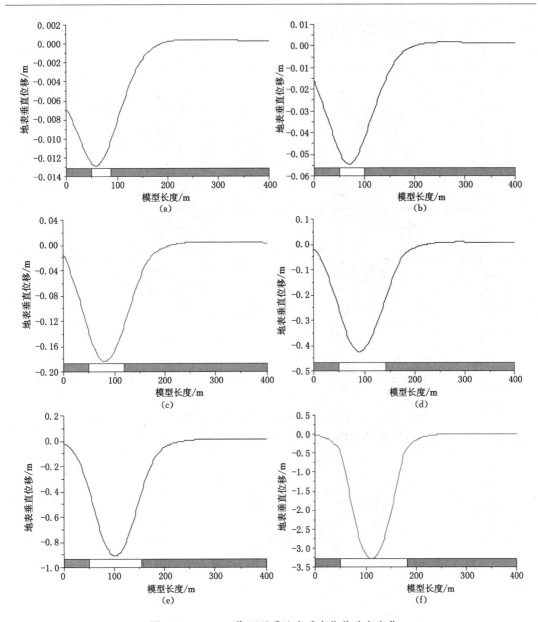

图 3-18　4104 工作面开采地表垂直位移动态变化

(a) 推进 30 m；(b) 推进 50 m；(c) 推进 70 m；(d) 推进 90 m；(e) 推进 110 m；(f) 推进 130 m

由图 3-16 至图 3-18 可以看出：

(1) 自开切眼至推进 110 m 时，工作面地表移动盆地范围不断扩大，地表最大位移值出现在移动盆地中部。当工作面推进 130 m 时，地表移动盆地中部位置位移达到最大值 3.4 m。此后，随着工作面的继续推进，地表移动盆地范围不断扩大，但最大位移值基本不变。

(2) 随着工作面的不断推进，地表最大水平位移和垂直位移不断增大，当工作面推进 130 m 时，地表水平位移值达到最大值 1.0 m，垂直位移值达到最大值 3.2 m，此时，地表移动影响范围超前工作面 70 m。

3.2.3　随工作面开采覆岩移动变形及采动裂缝三维分布

4104 工作面开采地表及覆岩水平变形动态变化如图 3-19 所示。4104 工作面开采地表及覆岩倾斜变形动态变化见图 3-20。

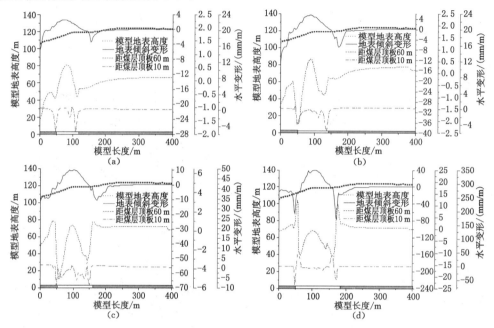

图 3-19　4104 工作面开采地表及覆岩水平变形动态变化

（a）推进 70 m；（b）推进 90 m；（c）推进 110 m；（d）推进 130 m

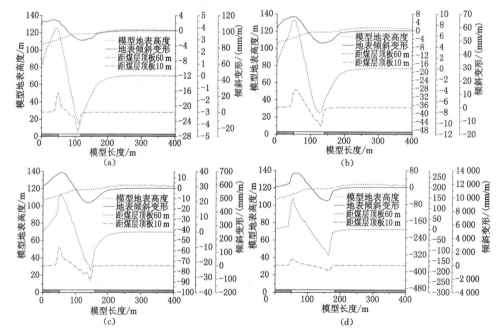

图 3-20　4104 工作面开采地表及覆岩倾斜变形动态变化

（a）推进 70 m；（b）推进 90 m；（c）推进 110 m；（d）推进 130 m

根据以上分析,整理得出 4104 工作面开采地表及覆岩采动裂缝三维分布形态如图 3-21 所示。

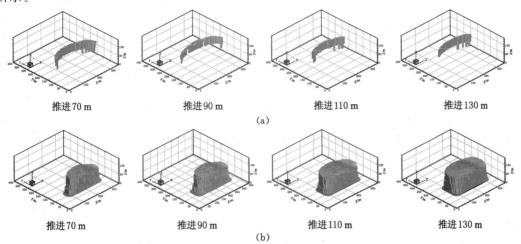

图 3-21　4104 工作面地表及覆岩采动裂缝三维分布形态

(a) 工作面前方地裂缝;(b) 工作面采空区上方台阶下沉范围

由图 3-19 至图 3-21 可以看出:

(1) 当工作面推进 70 m 时,自煤层顶板至地表最大水平拉伸变形依次为 5.34 mm/m, 0.65 mm/m,3.36 mm/m,基岩层内最大水平拉伸变形分别滞后工作面 12 m 和 8 m,基岩层垮落角 θ 为 82°,由于垮落矸石的碎胀性及岩层垮落角的影响,随着岩层距煤层距离的增大,基岩层内覆岩最大水平拉伸变形呈减小趋势。而由于地表覆盖层物理力学性质较强,且在采动影响下地表沟谷有沿坡体运动的趋势,地表水平变形值较大,工作面前方地表产生张开型地裂缝自地表向下发育且不会与采空区贯通[见图 3-21(a)],裂缝超前工作面 36 m,裂缝超前角 δ 为 71°。自煤层顶板至地表最大倾斜变形依次为 23.60 mm/m,3.99 mm/m, 2.52 mm/m,基岩层内最大倾斜变形出现位置与最大拉伸水平变形出现位置一致,地表最大倾斜变形出现位置在工作面煤壁正上方,采空区地表产生台阶下沉[见图 3-21(b)]。

(2) 当工作面推进 90 m 时,自煤层顶板至地表最大水平拉伸变形依次为 2.26 mm/m, 0.89 mm/m,6.85 mm/m,基岩层内最大水平拉伸变形分别滞后工作面 4 m 和 12 m,基岩层垮落角 θ 为 79°。工作面前方地表产生张开型地裂缝自地表向下发育且不会与采空区贯通[见图 3-21(a)],裂缝超前工作面 36 m,裂缝超前角 δ 为 73°。自煤层顶板至地表最大倾斜变形依次为 13.87 mm/m,7.86 mm/m,5.94 mm/m,基岩层内最大倾斜变形出现位置均滞后工作面 8 m,地表最大倾斜变形出现位置滞后工作面 4 m,采空区地表产生台阶下沉[见图 3-21(b)]。

(3) 当工作面推进 110 m 时,自煤层顶板至地表最大水平拉伸变形依次为 8.64 mm/m,2.81 mm/m,10.19 mm/m,基岩层内最大水平拉伸变形分别滞后工作面 8 m 和 12 m,基岩层垮落角 θ 为 79°。工作面前方地表产生张开型地裂缝自地表向下发育且不会与采空区贯通[见图 3-21(a)],裂缝超前工作面 26 m,裂缝超前角 δ 为 76°。自煤层顶板至地表最大倾斜变形依次为 111.52 mm/m,24.94 mm/m,13.57 mm/m,基岩层内最大倾斜变形出现位置均滞后工作面 12 m,地表最大倾斜变形出现位置滞后工作面 12 m,采空区地表产生台阶下沉[见图 3-21(b)]。

（4）当工作面推进 130 m 时，自煤层顶板至地表最大水平拉伸变形依次为 49.93 mm/m，11.37 mm/m，76.22 mm/m，分别滞后工作面 8 m，12 m 和 8 m，基岩层垮落角 θ 为 79°。此时，工作面前方地表最大水平拉伸变形为 18.47 mm/m，张开型地裂缝自地表向下发育且不会与采空区贯通[见图 3-21(a)]，裂缝超前工作面 8 m，裂缝超前角 δ 为 79°。自煤层顶板至地表最大倾斜变形依次为 785.15 mm/m，123.39 mm/m，63.24 mm/m，分别滞后工作面 12 m，12 m 和 16 m，采空区地表产生台阶下沉[见图 3-21(b)]。

3.3　6106 工作面开采地表沉陷及损害动态变化规律

3.3.1　随工作面开采覆岩应力及塑性破坏区动态变化规律

6106 工作面开采地表主应力及剪切应力动态分布特征见图 3-22 和图 3-23。图 3-24 所示为 6106 工作面不同推进距离下覆岩塑性破坏区动态分布。

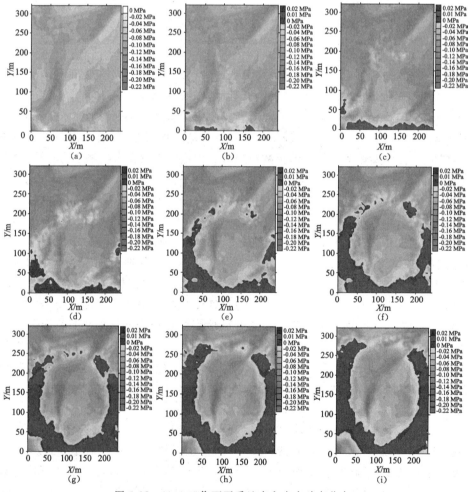

图 3-22　6106 工作面开采地表主应力动态分布

(a) 推进 30 m；(b) 推进 50 m；(c) 推进 70 m；(d) 推进 90 m；(e) 推进 110 m；

(f) 推进 130 m；(g) 推进 150 m；(h) 推进 170 m；(i) 推进 190 m

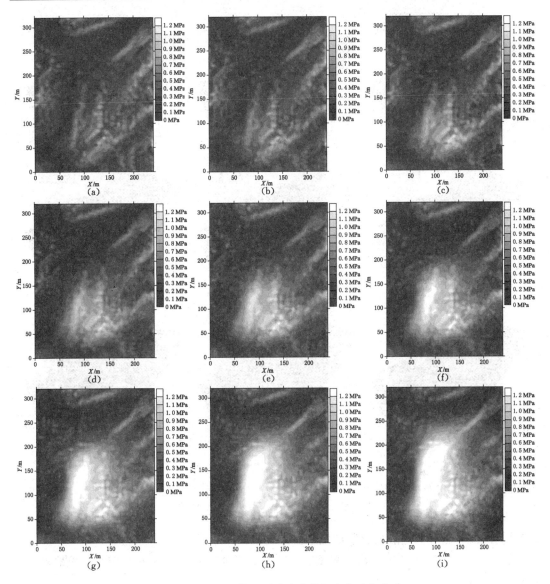

图 3-23 6106 工作面开采地表剪切应力动态分布

(a) 推进 30 m；(b) 推进 50 m；(c) 推进 70 m；(d) 推进 90 m；(e) 推进 110 m；

(f) 推进 130 m；(g) 推进 150 m；(h) 推进 170 m；(i) 推进 190 m

由图 3-22 至图 3-24 可以看出，工作面采空区覆岩失稳运动导致地表应力场发生动态变化，具体表现为采空区四周地表出现拉应力分布区域[见图 3-22(d)至图 3-22(i)]，在拉应力作用下地表产生未贯通采空区的张开型裂缝[见图 3-24(d)至图 3-24(i)]。工作面采空区上方地表剪切应力随工作面开采逐渐增大[见图 3-23(d)至图 3-23(i)]，表明采空区内覆岩移动将导致贯通型地裂缝的产生。当工作面推进 150 m 时，6106 工作面首次产生直通地表采动裂缝[见图 3-24(g)]。此后，随着工作面的不断推进，地表周期性产生直接连通地表与采空区的地裂缝[见图 3-24(h)和图 3-24(i)]。

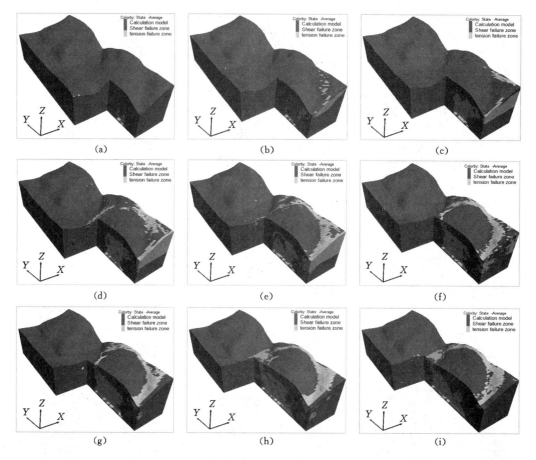

图 3-24 6106 工作面开采覆岩塑性破坏区动态分布

(a) 推进 30 m;(b) 推进 50 m;(c) 推进 70 m;(d) 推进 90 m;(e) 推进 110 m;

(f) 推进 130 m;(g) 推进 150 m;(h) 推进 170 m;(i) 推进 190 m

3.3.2 随工作面开采地表位移及沉陷动态变化规律

图 3-25 所示为 6106 工作面开采地表位移等值线分布情况。6106 工作面开采地表水平位移与垂直位移见图 3-26。

由图 3-25 和图 3-26 可以看出,自开切眼至推进 130 m 时,工作面地表移动盆地范围不断扩大,地表最大位移值出现在移动盆地中部。当工作面推进 150 m 时,地表移动盆地中部位置位移达到最大值 2.3 m,地表水平位移值达到最大值 0.5 m,垂直位移值达到最大值 2.1 m,此时,地表移动影响范围超前工作面 95 m。此后,随着工作面的继续推进,地表移动盆地范围不断扩大,但最大位移值基本不变。

3.3.3 随工作面开采覆岩移动变形及采动裂缝三维分布

6106 工作面开采地表及覆岩水平变形动态变化如图 3-27 所示。6106 工作面开采地表及覆岩倾斜变形动态变化如图 3-28 所示。6106 工作面地表及覆岩采动裂缝三维分布形态如图 3-29 所示。由图 3-27 至图 3-29 可以看出:

(1) 当工作面推进 130 m 时,自煤层顶板至地表最大水平拉伸变形依次为 5.65 mm/m,1.82 mm/m,5.53 mm/m,最大值出现位置均超前工作面 25 m,由于煤层开采厚度大(采厚

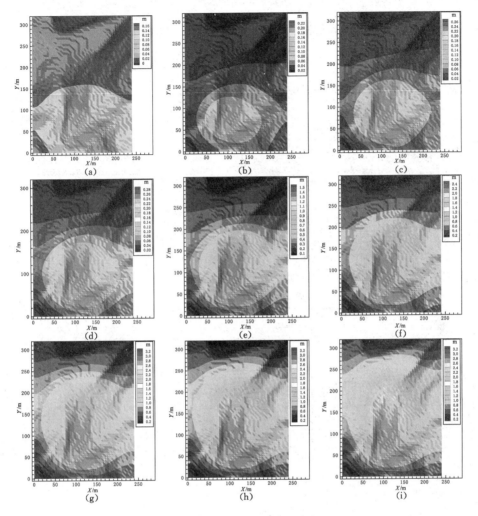

图 3-25 6106 工作面开采地表位移等值线动态分布

(a) 推进 30 m;(b) 推进 50 m;(c) 推进 70 m;(d) 推进 90 m;(e) 推进 110 m;

(f) 推进 130 m;(g) 推进 150 m;(h) 推进 170 m;(i) 推进 190 m

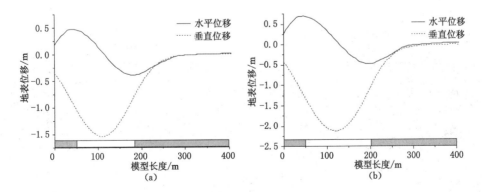

图 3-26 6106 工作面开采地表位移动态变化

(a) 推进 130 m;(b) 推进 150 m

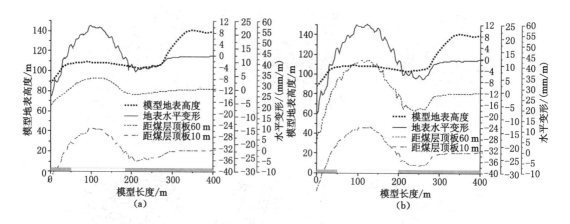

图 3-27　6106 工作面开采地表及覆岩水平变形动态变化

(a) 推进 130 m；(b) 推进 150 m

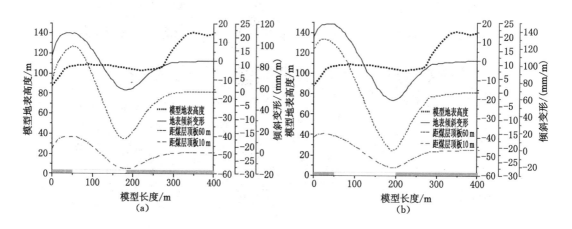

图 3-28　6106 工作面开采地表及覆岩倾斜变形动态变化

(a) 推进 130 m；(b) 推进 150 m

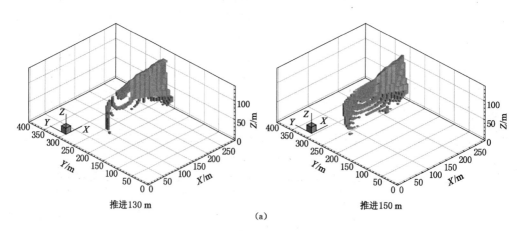

图 3-29　6106 工作面地表及覆岩采动裂缝三维分布形态

（a）工作面前方地裂缝

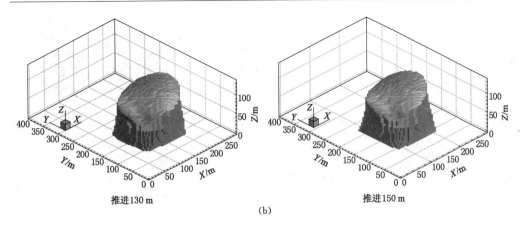

推进130 m

推进150 m

(b)

续图3-29　6106工作面地表及覆岩采动裂缝三维分布形态

(b) 工作面采空区上方台阶下沉范围

12 m)造成覆岩大范围的移动变形。工作面前方地表产生张开型地裂缝自地表向下发育且裂缝发育剧烈,但裂缝不会与采空区贯通[见图3-29(a)]。自煤层顶板至地表最大倾斜变形依次为15.37 mm/m,17.11 mm/m,15.34 mm/m,最大值出现位置均滞后工作面5 m,采空区地表产生台阶下沉[见图3-29(b)]。

(2) 当工作面推进150 m时,自煤层顶板至地表最大水平拉伸变形依次为6.41 mm/m,6.71 mm/m,6.69 mm/m,最大值出现位置依次超前工作面25 m,30 m,35 m。工作面前方地表产生张开型地裂缝[见图3-29(a)],裂缝超前角δ为73°。自煤层顶板至地表最大倾斜变形依次为20.80 mm/m,21.08 mm/m,20.61 mm/m,最大值出现位置均滞后工作面10 m,采空区地表产生台阶下沉[见图3-29(b)]。

由于工作面前方张开型地裂缝发育剧烈,当其位于采空区上方时,张开型裂缝随地表台阶下沉发生进一步回转和变化且与采空区贯通。

3.4　6104工作面开采地表沉陷及损害动态变化规律

3.4.1　工作面采空区下开采地表应力及塑性破坏区分布特征

工作面不同开采阶段地表主应力及剪切应力分布特征见图3-30和图3-31。图3-32所示为6104工作面采空区下开采时地表塑性破坏区分布特征。

由图3-30和图3-31可以看出,4104工作面开采导致地表出现拉应力及剪切应力集中。随着4104工作面采空区下6104工作面的开采,将引起覆岩发生进一步的失稳运动,地表拉应力再次集中,且拉应力分布区域进一步增大,并导致地表拉伸破坏区域分布明显[见图3-32(b)],而地表剪切应力没有发生明显变化。

3.4.2　工作面采空区下开采覆岩位移变形及采动裂缝三维分布

图3-33所示为6104工作面在采空区下开采时地表位移等值线分布情况。

由图3-33可以看出,6104工作面在4104工作面采空区下开采时,地表移动盆地与4104工作面采空区地表移动盆地发生重合与叠加,地表产生二次沉陷。地表水平位移与垂直位移曲线在进入4104工作面采空区边缘发生跳跃,具体表现为工作面推进端地表水平位

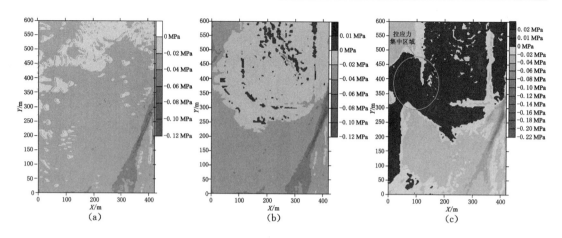

图 3-30　工作面不同开采阶段地表主应力分布特征

（a）地表原始主应力；（b）4104 工作面开采过后；（c）采空区下 6104 工作面开采

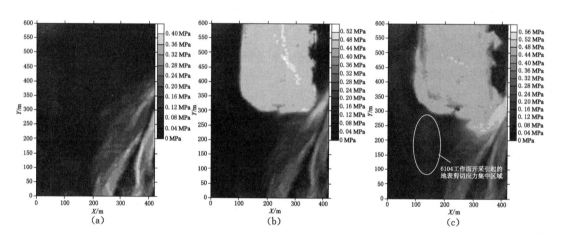

图 3-31　工作面不同开采阶段地表剪切应力分布特征

（a）地表原始主应力；（b）4104 工作面开采过后；（c）采空区下 6104 工作面开采

移突然减小，此时地表向 6104 工作面推进方向移动，当 6104 工作面在采空区下推进时，地表水平位移曲线趋于正常变化。同时，地表垂直位移也出现类似的变化规律。

6104 工作面在采空区下开采时地表及覆岩变形如图 3-34 所示。6104 工作面地表及覆岩采动裂缝三维分布形态如图 3-35 所示。

由图 3-34 和图 3-35 可以看出，6104 工作面采空区下开采时，自煤层顶板至地表最大水平拉伸变形依次为 25.81 mm/m，43.11 mm/m，其出现位置滞后工作面 20 m，这是由于 6104 工作面进入 4104 工作面采空区下开采时地表水平位移发生跳跃造成的，其裂缝分布形态见图 3-35（a）。而工作面前方最大水平拉伸变形依次为 9.32 mm/m，7.68 mm/m，其出现位置位于工作面正上方，地表产生张开型地裂缝自地表向下发育且裂缝不会与采空区贯通［见图 3-35（b）］。自煤层顶板至地表最大倾斜变形依次为 528.47 mm/m，27.27 mm/m，其出现位置分别滞后工作面 40 m 和 30 m，采空区地表产生台阶下沉［见图 3-35（c）］。

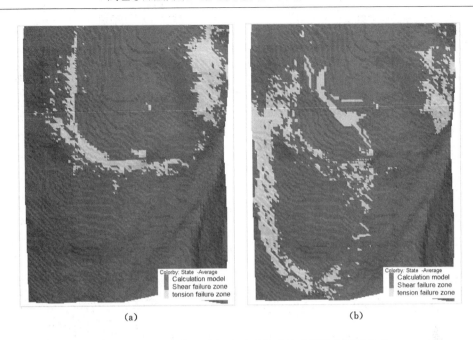

图 3-32 6104 工作面采空区下开采时地表塑性破坏区分布

(a) 4104 工作面开采；(b) 6104 工作面推进 310 m

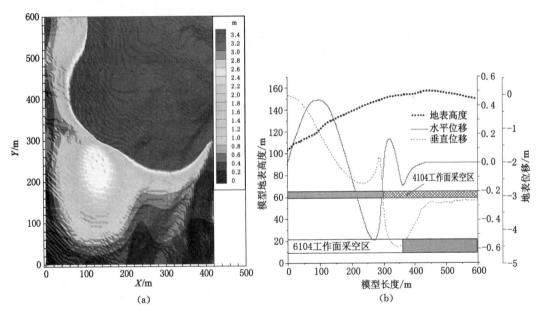

图 3-33 6104 工作面在采空区下开采时地表位移等值线分布

（a）地表位移场；(b) 工作面中部测线地表位移

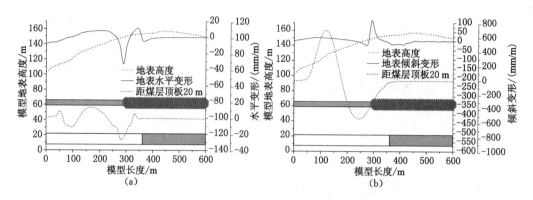

图 3-34　6104 工作面在采空区下开采时地表及覆岩变形
（a）水平变形；（b）倾斜变形

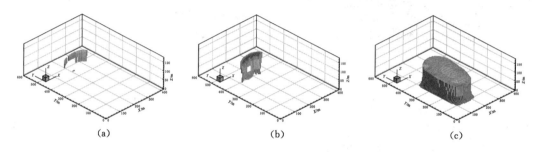

图 3-35　6104 工作面地表及覆岩采动裂缝三维分布形态
（a）工作面前方地裂缝；（b）采空区上方地裂缝；（c）采空区上方台阶下沉范围

4 浅埋厚煤层开采覆岩破断失稳特征及地裂缝形成机理

与普通埋深煤层相比,浅埋煤层开采具有煤层埋藏浅、基岩较薄以及地表松散覆盖层厚度大的特点,其覆岩破断特征、失稳运动形式及其断裂裂缝发育演化规律具有显著的不同。浅埋煤层开采典型的矿压显现特点是基岩层中承载关键层的破断和失稳运动直接导致上覆岩层以及地表覆盖层整体运动,并产生直通地表的采动裂缝。因此,浅埋厚煤层开采基岩层中承载关键层的破断失稳对地表塌陷和采动裂缝的动态发育及分布具有控制作用。本章在上述研究的基础上,对浅埋厚煤层开采基岩层内承载关键层的赋存特征进行了分类。采用相似模拟和理论分析相结合,研究了浅埋厚煤层开采承载关键层的破断特征、失稳运动形式及其影响因素,并对浅埋厚煤层开采贯通型地裂缝的形成机理进行了分析。

4.1 浅埋厚煤层开采承载关键层赋存特征及其分类

根据前述研究成果,浅埋厚煤层开采地表贯通型采动裂缝随工作面的推进呈周期性分布特征,且裂缝张开量或错动量等的突变往往发生在工作面周期性来压之后。这表明在煤层开采过程中,基岩层内存在对其上覆岩层直至地表覆盖层具有控制作用的岩层[3,154],就浅埋厚煤层开采而言,这一岩层的周期性破断失稳,使其上覆岩层以及地表厚松散层整体周期性失稳运动,地表产生周期性出现的贯通型采动裂缝,称为承载关键层。承载关键层为一些较为坚硬的厚岩层,以某种力学结构(从平面中看破断前为连续梁,破断后为"短砌体梁"或台阶岩梁)支承上部岩层以及地表松散覆盖层,其破断失稳直接影响采场矿压、岩层移动和地表沉陷等。因此,研究承载关键层的破断块度、失稳运动形式对浅埋厚煤层开采覆岩采动裂缝的动态分布规律以及地裂缝的形成机理等具有重要意义。

浅埋煤层开采覆岩分布如图 4-1 所示,煤层上覆有 m 层基岩,基岩上方为松散覆盖层。设各岩层厚度为 h_i,重度为 γ_i,弹性模量为 E_i,其中 $i=1,2,3,\cdots,m$。根据关键层理

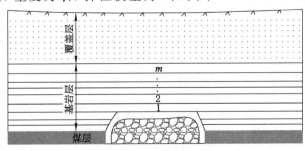

图 4-1 浅埋厚煤层开采覆岩分布

论[3-5]，浅埋厚煤层承载关键层必须满足以下三个条件：

$$\begin{cases} q_n > q_{n-1} > \cdots > q_1 \\ q_n = (q_n)_{覆岩}，且 (q_n)_{覆岩} > (q_n)_{n+1} > \cdots > (q_n)_m \\ L_n > L_{n+1} > \cdots > L_m \end{cases} \qquad (4\text{-}1)$$

其中：

$$\begin{cases} (q_n)_{覆岩} = E_n h_n^3 \cdot (\sum_{i=n}^{m} \gamma_i h_i + \gamma_{覆岩} h_{覆岩}) / \sum_{i=n}^{m} E_i h_i^3 \\ (q_n)_m = E_n h_n^3 \cdot \sum_{i=n}^{m} \gamma_i h_i / \sum_{i=n}^{m} E_i h_i^3 \end{cases}$$

式中　$(q_n)_{覆岩}$——考虑到覆岩及覆盖层对第 n 层岩层作用下的载荷，kN/m^2；

　　　　$(q_n)_m$——考虑到第 m 层岩层对第 n 层岩层作用下的载荷，kN/m^2；

　　　　$q_i (i=1,2,3,\cdots,n)$——第 i 层岩层所受载荷，kN/m^2；

　　　　$L_i (i=n,n+1,\cdots,m)$——第 i 层岩层垮断步距，m；

　　　　γ_i, E_i, h_i——第 i 层岩层平均重度、平均弹性模量及岩层厚度，kN/m^3，MPa，m；

　　　　$\gamma_{覆岩}, h_{覆岩}$——覆岩及覆盖层平均重度及覆盖层厚度，kN/m^3，m。

采场上覆岩层中承载关键层的位置及厚度，不仅影响其自身的破断块度和失稳运动形式，且对浅埋厚煤层开采覆岩的破断失稳运动及采动裂缝的分布特征等有显著影响。因此，根据我国西部浅埋厚煤层工作面典型的覆岩赋存特征，对采场覆岩中承载关键层的赋存进行归类，可以为进一步分析浅埋厚煤层开采覆岩破断失稳及断裂裂缝的分布规律等奠定基础。

（1）大柳塔煤矿 C202 工作面

大柳塔煤矿 C202 工作面是大柳塔煤矿建井初期第一个试采工作面，开采 2-2 煤层，煤层倾角小于 3°，煤层平均厚度为 4.0 m，平均埋藏深度 69.6 m[155]。工作面煤岩层岩石力学参数如表 4-1 所示。根据各岩层物理力学参数，结合式（4-1），得出大柳塔煤矿 C202 工作面覆岩承载关键层为 4.5 m 厚细砂岩，其抗压强度为 41.3 MPa。C202 工作面煤层开采厚度为 4.0 m，按垮落岩石碎胀系数为 1.25 计算，工作面覆岩垮落带高度为 16.0 m，承载关键层位于煤层开采后覆岩垮落带内。

表 4-1　　　　　　　　　　大柳塔煤矿 C202 工作面煤岩层岩石力学参数

序号	岩石名称	层厚/m	累厚/m	重度/(kN/m³)	抗压强度/MPa	备　注
1	覆盖层	33.5	33.5	16.6		
2	松散粉砂岩	14.8	48.3	24.3	27.5	
3	砂岩	4.2	52.5	23.9	36.9	
4	细砂岩	4.5	57.0	24.3	41.3	承载关键层
5	砂岩	4.2	61.2	23.9	36.9	
6	泥岩	4.4	65.6	24.5	32.2	
7	2-2 煤层	4.0	69.6	13.0	13.4	
8	砂质泥岩	1.8	71.4	24.1	37.5	

（2）张家峁煤矿 15201 工作面

张家峁煤矿 15201 工作面位于陕煤集团神木矿区,开采 5-2 煤层,煤层倾角为 1°～3°,煤层平均厚度为 6.1 m,埋藏深度平均 125.1 m[156]。工作面煤岩层岩石力学参数如表 4-2 所示。根据各岩层物理力学参数,结合式(4-1),得出张家峁煤矿 15201 工作面覆岩承载关键层为 10.6 m 厚粉砂岩,且覆岩中存在 12.4 m 厚粉砂岩亚关键层。15201 工作面煤层开采厚度为 6.1 m,按垮落岩石碎胀系数为 1.25 计算,工作面覆岩垮落带高度为 24.4 m,承载关键层位于煤层开采后覆岩裂缝带内。

表 4-2 张家峁煤矿 15201 工作面煤岩层岩石力学参数

序号	岩石名称	层厚/m	累厚/m	重度/(kN/m³)	抗压强度/MPa	备 注
1	覆盖层	65.0	65.0	16.5		
2	细粒砂岩	5.0	70.0	25.0	22.1	
3	粉砂岩	10.6	80.6	24.5	38.5	承载关键层
4	泥岩	6.0	86.6	24.0	36.1	
5	粉砂岩	2.7	89.3	24.3	36.7	
6	细粒砂岩	4.3	93.6	24.1	37.5	
7	粉砂岩	12.4	106.0	25.5	36.7	亚关键层
8	细粒砂岩	1.2	107.2	24.1	37.5	
9	粉砂岩	1.9	109.1	25.5	36.7	
10	细粒砂岩	1.7	110.8	24.1	37.5	
11	泥岩	1.8	113.6	25.6	36.1	
12	细粒砂岩	2.6	116.2	24.1	37.5	
13	泥岩	2.8	119.0	25.6	36.1	
14	5-2 煤层	6.1	125.1	14.0	14.9	
15	砂质泥岩	3.5	128.6	24.6	37.5	

对我国西部浅埋厚煤层开采工作面煤层厚度、承载关键层层位及厚度等信息的统计分析如表 4-3 所示[46,155-159]。

通过以上分析,结合我国浅埋厚煤层工作面典型的赋存特征,根据覆岩内承载关键层的层位,可以将浅埋厚煤层开采覆岩承载关键层赋存特征分为两类:承载关键层位于覆岩垮落带[图 4-2(a)]、承载关键层位于覆岩裂缝带[图 4-2(b)]。

表 4-3 西部浅埋厚煤层工作面覆岩赋存特征统计(垮落岩石的碎胀系数取 1.25)

工作面名称	煤层赋存条件		承载关键层层位及厚度		垮落带 高度/m	承载关键层 位置
	厚度/m	埋深/m	距煤层距离/m	岩层厚度/m		
大柳塔煤矿 C202 工作面	4.0	65.0	8.6	4.5	16.0	垮落带
荣达煤矿 首采工作面	6.2	87.0	18.5	7.8	24.8	垮落带

工作面名称	煤层赋存条件		承载关键层层位及厚度		垮落带高度/m	承载关键层位置
	厚度/m	埋深/m	距煤层距离/m	岩层厚度/m		
张家峁煤矿 15201 工作面	6.1	118.0	38.1	10.6	24.4	裂缝带
哈拉沟煤矿 22209 工作面	5.4	66.7	34.1	24.6	21.6	裂缝带
韩家湾煤矿 2303 工作面	4.5	85.0	7.0	14.0	18.0	垮落带
路天煤矿 1604 综放工作面	8.0	105.0	5.0	15.0	32.0	垮落带
串草圪旦煤矿 4104 工作面	3.5	80.7	8.6	13.7	14.0	垮落带
串草圪旦煤矿 6104 工作面	12.8	116.6	63.4	9.2	51.2	裂缝带

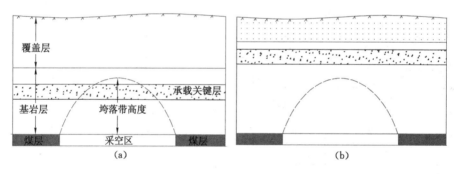

图 4-2 浅埋厚煤层开采覆岩赋存特征分类

（a）承载关键层位于覆岩垮落带；（b）承载关键层位于覆岩裂缝带

4.2 浅埋厚煤层开采覆岩破断失稳特征及断裂裂缝分布

基于串草圪旦煤矿浅埋厚煤层开采煤岩层赋存条件，采用平面应力物理相似模拟实验，分析浅埋厚煤层开采承载关键层分别位于覆岩垮落带与裂缝带时，随工作面推进覆岩破断失稳特征及断裂裂缝分布规律。

4.2.1 浅埋厚煤层开采物理相似模拟模型的建立

物理相似模拟实验台尺寸为：长×宽×高＝2 500 mm×200 mm×2 000 mm，根据相似理论[160,161]，确定模型与原型的几何相似比为 1：100，重度相似常数为 1.56，应力相似常数为 156，时间相似常数为 10。根据图 2-7(c)所示煤岩层柱状图，进行适当简化修正，设计 4# 煤层开采时承载关键层分别位于覆岩垮落带与裂缝带时的相似模拟模型如图 4-3 所示。图中方案Ⅰ所示 4# 煤层开采时，覆岩承载关键层为 9.0 cm 厚中粒砂岩；方案Ⅱ所示 4# 煤层开采时,覆岩承载关键层为 9.0 cm 厚粉砂岩。

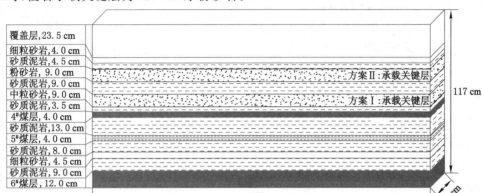

图 4-3　相似模拟模型

相似模拟实验各岩层模拟材料采用砂子、碳酸钙、石灰、石膏及水按一定配比制成[160,161-164],沿水平方向分层铺设,分层间铺撒云母粉模拟岩层弱面,对厚度超过 5.0 m 的岩层(承载关键层除外),按其实际弱面分布特征进行分层铺设。模型制作过程中,按照抗压强度作为主要相似条件,并满足相似准则。表 4-4 至表 4-6 所示为各岩层物理力学参数与相似材料参数。

表 4-4　　　　　　　　　　　　　　各岩层物理力学参数

序号	岩性	厚度/m	埋深/m	密度/(kg/m³)	抗压强度/MPa	抗拉强度/MPa	备注
1	覆盖层	23.5	23.5	2 250			
2	细粒砂岩	4	27.5	2 595	51.3	3.2	
3	砂质泥岩	4.5	32	2 550	33.5	1.3	
4	粉砂岩	9	41	2 650	54.9	3.0	方案Ⅱ
5	砂质泥岩	9	50	2 550	34.9	1.1	
6	中粒砂岩	9	59	2 500	45.2	2.3	方案Ⅰ
7	砂质泥岩	3.5	62.5	2 550	32.5	1.5	
8	4# 煤	4	66	1 450	14.6	1.32	
9	砂质泥岩	13	79	2 550	28.9	1.3	
10	5# 煤	4	83	1 450	14.2	1.32	
11	砂质泥岩	8	91	2 550	32.5	1.5	
12	细粒砂岩	4.5	95.5	2 595	58.4	3.0	
13	砂质泥岩	9	104.5	2 550	34.9	4.1	
14	6# 煤	12	116.5	1 450	16.1	1.3	

表 4-5　　　　　　　　　相似模型参数与配比（方案Ⅰ）

序号	岩性	厚度/cm	分层序号	分层厚度/cm	配比号	砂子质量/kg	碳酸钙或石灰质量/kg	石膏质量/kg	用水量/L
1	覆盖层	23.5	1-1	2.5	773	14.2	1.4	0.6	1.8
			1-2	3.0	773	17.0	1.7	0.7	2.2
			1-3	3.0	773	17.0	1.7	0.7	2.2
			1-4	3.0	773	17.0	1.7	0.7	2.2
			1-5	3.0	773	17.0	1.7	0.7	2.2
			1-6	3.0	773	17.0	1.7	0.7	2.2
			1-7	3.0	773	17.0	1.7	0.7	2.2
			1-8	3.0	773	17.0	1.7	0.7	2.2
2	细粒砂岩	4.0	2-1	2.0	355	11.2	1.9	1.9	1.7
			2-2	2.0	355	11.2	1.9	1.9	1.7
3	砂质泥岩	4.5	3-1	2.0	437	11.8	0.9	2.1	1.6
			3-2	2.5	437	14.7	1.1	2.6	2.0
4	粉砂岩	9.0	4-1	3.0	337	17.2	1.7	4.0	2.5
			4-2	3.0	337	17.2	1.7	4.0	2.5
			4-3	3.0	337	17.2	1.7	4.0	2.5
5	砂质泥岩	9.0	5-1	3.0	455	17.7	2.2	2.2	2.5
			5-2	3.0	455	17.7	2.2	2.2	2.5
			5-3	3.0	455	17.7	2.2	2.2	2.5
6	中粒砂岩	9.0	6	9.0	337	48.7	4.9	11.4	7.2
7	砂质泥岩	3.5	7-1	2.0	437	11.8	0.9	2.1	1.6
			7-2	1.5	437	8.8	0.7	1.5	1.2
8	4#煤	4.0	8	4.0	573	23.6	3.4	1.4	3.2
9	砂质泥岩	13.0	9-1	7.0	455	41.2	5.1	5.1	5.7
			9-2	3.0	455	17.7	2.2	2.2	2.5
			9-3	3.0	455	17.7	2.2	2.2	2.5
10	5#煤	4.0	10	4.0	573	23.6	3.4	1.4	3.2
11	砂质泥岩	8.0	11-1	3.0	437	17.7	1.3	3.1	2.5
			11-2	3.0	437	17.7	1.3	3.1	2.5
			11-3	2.0	437	11.8	0.9	2.1	1.6
12	细粒砂岩	4.5	12-1	2.5	355	14.0	2.3	2.3	2.1
			12-2	2.0	355	11.2	1.9	1.9	1.7
13	砂质泥岩	9.0	13-1	3.0	455	17.7	2.2	2.2	2.5
			13-2	3.0	455	17.7	2.2	2.2	2.5
			13-3	3.0	455	17.7	2.2	2.2	2.5
14	6#煤	12.0	14	12.0	573	71.1	10.0	3.7	9.5

表 4-6　　　　　　　　　　　　　相似模型参数与配比(方案Ⅱ)

序号	岩性	厚度/cm	分层序号	分层厚度/cm	配比号	砂子质量/kg	碳酸钙或石灰质量/kg	石膏质量/kg	用水量/L
1	覆盖层	23.5	1-1	2.5	773	14.2	1.4	0.6	1.8
			1-2	3.0	773	17.0	1.7	0.7	2.2
			1-3	3.0	773	17.0	1.7	0.7	2.2
			1-4	3.0	773	17.0	1.7	0.7	2.2
			1-5	3.0	773	17.0	1.7	0.7	2.2
			1-6	3.0	773	17.0	1.7	0.7	2.2
			1-7	3.0	773	17.0	1.7	0.7	2.2
			1-8	3.0	773	17.0	1.7	0.7	2.2
2	细粒砂岩	4.0	2-1	2.0	355	11.2	1.9	1.9	1.7
			2-2	2.0	355	11.2	1.9	1.9	1.7
3	砂质泥岩	4.5	3-1	2.0	437	11.8	0.9	2.1	1.6
			3-2	2.5	437	14.7	1.1	2.6	2.0
4	粉砂岩	9.0	4	9.0	337	51.6	5.2	12.0	7.6
5	砂质泥岩	9.0	5-1	3.0	455	17.7	2.2	2.2	2.5
			5-2	3.0	455	17.7	2.2	2.2	2.5
			5-3	3.0	455	17.7	2.2	2.2	2.5
6	中粒砂岩	9.0	6-1	3.0	337	16.2	1.6	3.8	2.4
			6-2	3.0	337	16.2	1.6	3.8	2.4
			6-3	3.0	337	16.2	1.6	3.8	2.4
7	砂质泥岩	3.5	7-1	2.0	437	11.8	0.9	2.1	1.6
			7-2	1.5	437	8.8	0.7	1.5	1.2
8	4#煤	4.0	8	4.0	573	23.6	3.4	1.4	3.2
9	砂质泥岩	13.0	9-1	7.0	455	41.2	5.1	5.1	5.7
			9-2	3.0	455	17.7	2.2	2.2	2.5
			9-3	3.0	455	17.7	2.2	2.2	2.5
10	5#煤	4.0	10	4.0	573	23.6	3.4	1.4	3.2
11	砂质泥岩	8.0	11-1	3.0	437	17.7	1.3	3.1	2.5
			11-2	3.0	437	17.7	1.3	3.1	2.5
			11-3	2.0	437	11.8	0.9	2.1	1.6
12	细粒砂岩	4.5	12-1	2.5	355	14.0	2.3	2.3	2.1
			12-2	2.0	355	11.2	1.9	1.9	1.7
13	砂质泥岩	9.0	13-1	3.0	455	17.7	2.2	2.2	2.5
			13-2	3.0	455	17.7	2.2	2.2	2.5
			13-3	3.0	455	17.7	2.2	2.2	2.5
14	6#煤	12.0	14	12.0	573	71.1	10.0	3.7	9.5

为了分析煤层开采过程中覆岩应力及位移的变化规律,模型铺设时,在 4# 煤层和 6# 煤层顶板岩层中设置测量应力的基点,采用预埋压力盒的方式采集岩层内垂直应力变化。模型开挖前,在覆岩各主要岩层布置测量位移基点,采用三维摄影位移测量系统观测煤层开采过程中覆岩失稳运动规律。模型中测量基点布置如图 4-4 所示。主要测试仪器如图 4-5 所示。

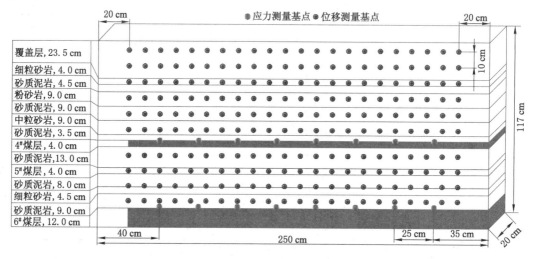

图 4-4　测点布置图

(a)　　　　　　　　　　　　　　　　(b)

图 4-5　主要测试仪器

(a) TS3862 静态电阻应变仪;(b) 天远三维摄影测量系统

模拟开挖过程中,4# 煤层采高为 4.0 cm,开挖步距为 5.0 cm,模型回采长度为 190 cm。模型每开挖一次,记录进尺以及压力数据与位移数据。实验原始模型如图 4-6 所示。

4.2.2　浅埋厚煤层开采覆岩破断失稳及断裂裂缝分布特征

(1) 承载关键层位于覆岩垮落带范围内

承载关键层位于 4# 煤层开采覆岩垮落带范围内时,不同推进距离下覆岩破断失稳及断裂裂缝分布特征如图 4-7 所示。

由图 4-7 可以看出:

① 当 4# 煤层工作面推进 45 m 时,3.5 m 厚砂质泥岩直接顶板发生初次垮断,断裂岩块长度为 25 m,此时工作面上方直接顶悬长 8 m 左右,悬露顶板呈典型的悬臂梁结构,上覆岩层未出现明显断裂裂缝。工作面直接顶初次垮断如图 4-7(a)所示。

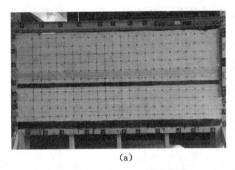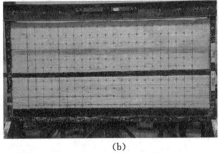

(a)   (b)

图 4-6　相似模拟原始模型
(a) 方案 Ⅰ；(b) 方案 Ⅱ

② 当 4# 煤层工作面推进约 75 m 时,9.0 m 厚中粒砂岩承载关键层发生初次断裂来压,断裂岩块长度为 39 m,承载关键层断裂前呈工作面煤壁端与开切眼端两端固支梁结构。承载关键层的断裂与失稳运动,导致其上覆岩层发生垮落并出现层间离层。工作面承载关键层初次垮断时覆岩失稳运动及断裂裂缝分布如图 4-7(b)所示。

③ 当 4# 煤层工作面推进约 95 m 时,9.0 m 厚中粒砂岩承载关键层发生第一次周期性断裂来压,断裂位置位于工作面煤壁端,承载关键层断裂前呈煤壁端固支采空区端支承的"类悬臂梁"结构,断裂岩块长度为 24 m,其上覆岩层垮落高度继续向上发展,工作面正上方地表产生纵向裂缝,裂缝自地表向下发展深度约为 8 m。工作面承载关键层第一次周期性垮断时覆岩失稳运动及断裂裂缝分布如图 4-7(c)所示。

④ 当 4# 煤层工作面推进约 110 m 时,9.0 m 厚中粒砂岩承载关键层第二次周期性断裂来压,断裂岩块长度为 14 m,其上覆岩层垮落高度继续向上发展的同时,裂缝自地表向下发展深度约增大为 17 m,但并未与覆岩断裂裂缝导通。工作面承载关键层第二次周期性垮断时覆岩失稳运动及断裂裂缝分布如图 4-7(d)所示。

⑤ 当 4# 煤层工作面推进约 120 m 时,随着已破断承载关键层上覆岩层及覆盖层的下沉移动,采空区中部地表产生塌陷坑,自地表产生的纵向裂缝进一步向下发展且与覆岩断裂裂缝贯通,此时覆岩失稳运动及断裂裂缝分布如图 4-7(e)所示。

⑥ 当 4# 煤层工作面推进约 130 m 时,中粒砂岩承载关键层发生第三次周期性断裂来压,断裂岩块长度为 15 m,断裂岩块后方产生直通地表的纵向裂缝,且距已产生的贯通地表的纵向裂缝平均约 14 m。此时在滞后工作面约 12 m 位置地表产生自上而下发展的纵向裂缝,裂缝深度约 9 m。工作面承载关键层第三次周期性垮断时覆岩失稳运动及断裂裂缝分布如图 4-7(f)所示。

⑦ 当 4# 煤层工作面推进约 140 m 时,中粒砂岩承载关键层发生第四次周期性断裂来压,断裂岩块长度为 14 m,此时自地表向下发展的纵向裂缝深度增大至约 16 m。工作面承载关键层第四次周期性垮断时覆岩失稳运动及断裂裂缝分布如图 4-7(g)所示。

⑧ 当 4# 煤层工作面推进约 175 m 时,中粒砂岩承载关键层已发生过 6 次周期性破断,覆岩产生 6 条贯通地表的采动裂缝,此时覆岩失稳运动及断裂裂缝分布如图 4-7(h)所示。

(2) 承载关键层位于覆岩裂缝带范围内

承载关键层位于 4# 煤层开采覆岩裂缝带范围内时,不同推进距离下覆岩破断失稳及断

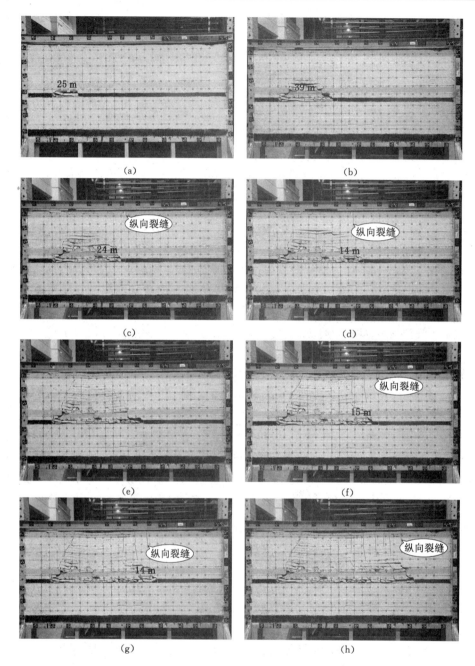

图 4-7　承载关键层位于垮落带时,浅埋厚煤层开采覆岩破断失稳及断裂裂缝分布特征

(a) 工作面推进 45 m;(b) 工作面推进 75 m;(c) 工作面推进 95 m;(d) 工作面推进 110 m;

(e) 工作面推进 120 m;(f) 工作面推进 130 m;(g) 工作面推进 140 m;(h) 工作面推进 175 m

裂裂缝分布特征如图 4-8 所示。

由图 4-8 可以看出:

① 当 4# 煤层工作面推进 55 m 时,煤层上覆 9.0 m 厚中粒砂岩顶板发生初次垮断,断裂岩块长度为 31 m,此时工作面上方中粒砂岩顶板悬长 13 m 左右,悬露顶板呈典型的悬臂

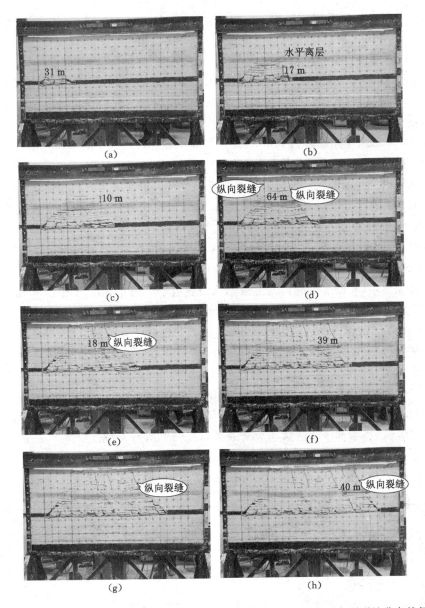

图 4-8　承载关键层位于裂缝带时,浅埋厚煤层开采覆岩破断失稳及断裂裂缝分布特征

(a) 工作面推进 55 m;(b) 工作面推进 80 m;(c) 工作面推进 110 m;(d) 工作面推进 115 m;

(e) 工作面推进 120 m;(f) 工作面推进 145 m;(g) 工作面推进 165 m;(h) 工作面推进 180 m

梁结构,上覆岩层未出现明显断裂裂缝。工作面推进 55 m 时覆岩失稳运动如图 4-8(a)所示。

②　当 4# 煤层工作面推进约 80 m 时,顶板垮落带岩层发展高度约为 17 m,煤层覆岩 9.0 m 厚砂质泥岩下分层发生破断运动,承载关键层与下伏砂质泥岩之间产生水平离层。工作面推进 80 m 时覆岩失稳运动及断裂裂缝分布如图 4-8(b)所示。

③　当 4# 煤层工作面推进约 110 m 时,9.0 m 厚粉砂岩承载关键层下伏岩层已全部垮落,随着承载关键层悬露长度的不断增大,其上覆岩层均产生不同发育程度的水平离层,水

平离层发育高度距承载关键层约 10 m。工作面推进 80 m 时覆岩失稳运动及断裂裂缝分布如图 4-8(c)所示。

④ 当 4# 煤层工作面推进约 115 m 时，9.0 m 厚粉砂岩承载关键层发生初次断裂来压，断裂岩块长度为 64 m，承载关键层断裂前呈工作面煤壁端与开切眼端两端固支梁结构。承载关键层的断裂与失稳运动，导致其上覆岩层发生垮落并出现水平离层和贯通地表的纵向裂缝。工作面承载关键层初次垮断时覆岩失稳运动及断裂裂缝分布如图 4-8(d)所示。

⑤ 当 4# 煤层工作面推进约 120 m 时，9.0 m 厚粉砂岩承载关键层发生第一次周期性断裂来压，断裂岩块长度为 18 m，承载关键层的破断运动导致上覆岩层及覆盖层内产生直通地表的纵向裂缝，且距已产生的贯通地表的纵向裂缝平均约 15 m。此时在滞后工作面约 25 m 位置地表产生自上而下发展的纵向裂缝，裂缝深度约 6 m。工作面承载关键层第一次周期性垮断时覆岩失稳运动及断裂裂缝分布如图 4-8(f)所示。

⑥ 当 4# 煤层工作面推进约 145 m 时，9.0 m 厚粉砂岩承载关键层发生第二次周期性断裂来压，断裂岩块长度为 39 m，承载关键层的破断运动导致上覆岩层及覆盖层内产生直通地表的纵向裂缝，且距已产生的贯通地表的纵向裂缝平均约 30 m。工作面承载关键层第二次周期性垮断时覆岩失稳运动及断裂裂缝分布如图 4-8(f)所示。

⑦ 当 4# 煤层工作面推进约 165 m 时，已破断粉砂岩承载关键层进一步失稳运动，已产生的纵向裂缝进一步发展。工作面推进约 165 m 时覆岩失稳运动及断裂裂缝分布如图 4-8(g)所示。

⑧ 当 4# 煤层工作面推进约 180 m 时，9.0 m 厚粉砂岩承载关键层发生第三次周期性断裂来压，断裂岩块长度为 40 m，承载关键层的破断运动导致上覆岩层及覆盖层内产生直通地表的纵向裂缝，且距已产生的贯通地表的纵向裂缝平均约 30 m。承载关键层第三次周期性垮断时覆岩失稳运动及断裂裂缝分布如图 4-8(h)所示。

不同层位承载关键层周期破断的失稳运动形式及覆岩运动规律对比如图 4-9 所示。

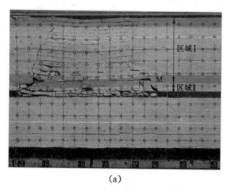
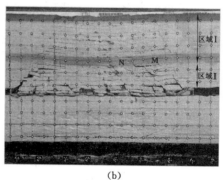

(a)　　　　　　　　　　　　　　(b)

图 4-9　承载关键层周期破断失稳运动形式及覆岩运动特征对比
(a) 承载关键层位于覆岩垮落带；(b) 承载关键层位于覆岩裂缝带

浅埋煤层开采承载关键层的破断运动导致其上覆直至地表岩层的失稳运动，产生直通地表的采动裂缝。以承载关键层为界，可将浅埋煤层开采覆岩分为两个区域如图 4-9 所示。区域 I 内包含覆岩承载关键层及以上岩层和地表覆盖层，此区域内采动裂缝的产生及动态变化特征受承载关键层破断与失稳运动的影响,具体表现为地表随覆岩承载关键层的周期性破断产生周期性分布的地裂缝。区域Ⅱ内包含煤层直接顶板至承载关键层以下范围内基岩层(下位基岩层),此区域内岩层随煤层开采发生不规则性或规则性垮落。

承载关键层破断后,根据破断岩块的几何特征与铰接形态,其可能会形成"台阶岩梁"[图4-9(a)]与"类砌体梁"[图4-9(b)]两种结构。当承载关键层下方岩层垮落后未能充填满采空空间,垮落矸石和承载关键层之间存在自由空间时,岩块 M 和岩块 N 形成"台阶岩梁"结构。其中,岩块 N 完全落在垮落矸石上,岩块 M 随工作面的推进失稳运动。当承载关键层下方岩层垮落后能充填满采空空间,垮落矸石和承载关键层之间不存在自由空间,岩块 M 和岩块 N 将形成"类砌体梁"结构。

4.2.3 采空区下浅埋厚煤层开采覆岩破断失稳及断裂裂缝分布特征

随着开采深度的增大,西部浅埋煤层普遍面临采空区下开采的实际[50,143],研究煤层的重复采动对覆岩失稳运动及断裂裂缝分布特征的影响具有重要意义。

根据相似模拟实验结果,得出 4# 煤层采空区下 6# 煤层开采时,覆岩的失稳运动及断裂裂缝的动态分布规律。图 4-10 和图 4-11 为 4# 煤层采空区下 6# 煤层不同推进距离时覆岩失稳运动及断裂裂缝分布规律。

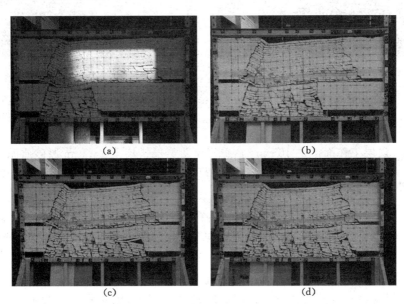

图 4-10 采空区下浅埋厚煤层开采覆岩失稳运动及断裂裂缝分布(承载关键层位于垮落带)
(a) 6# 煤层推进 105 m;(b) 6# 煤层推进 135 m;(c) 6# 煤层推进 170 m;(d) 6# 煤层推进 185 m

由图 4-10 可以看出:

① 当 6# 煤层工作面推进 105 m 时,覆岩垮落岩层扩展至 13.0 m 厚砂质泥岩亚关键层并达到岩梁破断跨距并发生初次破断运动,覆岩采动裂缝扩展至 4# 煤层工作面采空区并与 4# 煤层覆岩采动裂缝贯通,如图 4-10(a)所示。

② 当 6# 煤层工作面分别推进 135 m、170 m 与 185 m 时,13.0 m 厚砂质泥岩亚关键层分别发生周期性断裂来压,且每次断裂失稳均导致覆岩采动裂缝向上扩展至 4# 煤层采空区

及覆岩。工作面亚关键层周期垮断如图 4-10(b)至图 4-10(d)所示。

由图 4-11 可以看出:

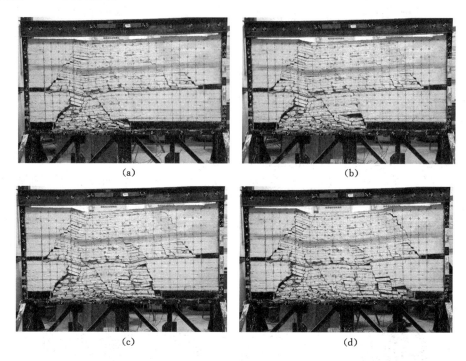

(a)

(b)

(c)

(d)

图 4-11　采空区下浅埋厚煤层开采覆岩失稳运动及断裂裂缝分布(承载关键层位于裂缝带)

(a) 6#煤层推进 105 m;(b) 6#煤层推进 120 m;(c) 6#煤层推进 150 m;(d) 6#煤层推进 185 m

① 当 6#煤层工作面推进 105 m 时,覆岩垮落岩层扩展至 13.0 m 厚砂质泥岩亚关键层并达到岩梁破断跨距并发生初次破断运动,覆岩采动裂缝扩展至 4#煤层工作面采空区并与 4#煤层覆岩采动裂缝贯通,如图 4-11(a)所示。

② 当 6#煤层工作面分别推进 120 m、150 m 与 185 m 时,13.0 m 厚砂质泥岩亚关键层分别发生周期性断裂来压,且每次断裂失稳均导致覆岩采动裂缝向上扩展至 4#煤层采空区及覆岩。工作面亚关键层周期垮断如图 4-11(b)至图 4-11(d)所示。

4.2.4　承载关键层的层位对工作面矿压显现的影响程度分析

为研究承载关键层的层位对工作面矿压显现的影响,以串草圪旦煤矿地质条件为背景,对工作面单一关键层条件下承载关键层的破断失稳进行分析,运用数值模拟软件 RF-PA 对工作面承载关键层在不同层位条件下的矿压显现规律及覆岩破断失稳特征进行分析。

取煤层埋深 100 m,承载关键层厚度取 13 m,构建长 200 m、高 120 m 的二维平面模型,其岩层物理力学参数见表 4-7。模型前后侧面施加侧压系数为 1 的载荷,同时侧边界施加水平约束,底边界施加水平及垂直约束,围岩本构关系采用 Mohr-Coulomb 模型。工作面推进过程中,通过分步每 2.0 m 开挖一次来模拟采动影响,选取工作面承载关键层初次破断与第一次周期破断时岩层移动特征来说明。

表 4-7 各岩层物理力学参数

序号	岩性	密度/(kg/m³)	剪切模量/GPa	体积模量/GPa	内聚力/MPa	内摩擦角/(°)	抗拉强度/MPa
1	覆岩及表土层	2 500	14.2	12.1	1.0	10	
2	承载关键层	2 600	18.4	20.1	4.85	38.5	3.0
3	岩层1	2 321	15.3	18.4	2.8	39	1.9
4	岩层2	2 550	12.1	16.4	2.7	36	1.7
5	岩层3	2 600	14.2	16.3	3.6	39	1.6
6	4#煤层	1 420	3.0	3.2	1.5	27.5	0.5
7	岩层4	2 600	16.7	18.4	5	39	1.4

设 η 为承载关键层距煤层距离与煤层采厚之比,则取 η 分别为 0.5,1.5,3.0,4.5,模拟随工作面推进覆岩失稳破断特征。不同 η 取值条件下工作面承载关键层的初次破断和周期破断如图 4-12 和图 4-13 所示。

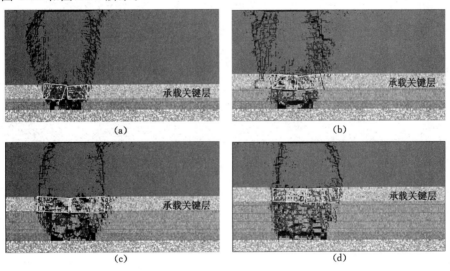

图 4-12 不同 η 取值条件下工作面承载关键层初次破断
(a) $\eta=0.5$;(b) $\eta=1.5$;(c) $\eta=3.0$;(d) $\eta=4.5$

由图 4-12 和图 4-13 可以看出:

(1)观察不同 η 取值条件下工作面承载关键层的初次破断,发现四种条件下承载关键层的初次破断均表现为拉断破坏,承载关键层的破断引起上覆岩层直至地表表土层的整体运动。当 $\eta=0.5$ 和 $\eta=1.5$ 时,承载关键层形成的三角拱结构发生不同程度的明显滑落,台阶下沉现象较明显。当 $\eta=3.0$ 和 $\eta=4.5$ 时,承载关键层形成稳定的三角拱结构,未出现滑落失稳。

(2)初次破断后,承载关键层以"悬臂梁"受力结构存在,"悬臂梁"结构的破断失稳也能引起上覆岩层直至表土层的整体运动。当 $\eta=0.5$ 和 $\eta=1.5$ 时,承载关键层形成单斜岩块滑落失稳,出现直至地表的切落。当 $\eta=3.0$ 和 $\eta=4.5$ 时,承载关键层形成较稳定的单斜结

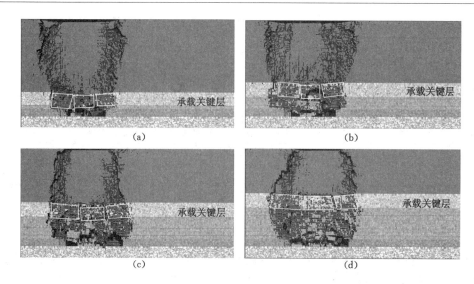

图 4-13　不同 η 取值条件下工作面承载关键层周期破断

(a) $\eta=0.5$；(b) $\eta=1.5$；(c) $\eta=3.0$；(d) $\eta=4.5$

构,台阶下沉现象不明显。

结合图 4-12 和图 4-13 将四种条件下承载关键层的初次破断和周期破断时工作面矿压显现特点总结,见图 4-14。

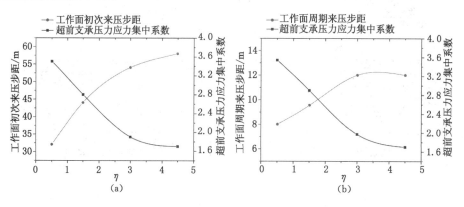

图 4-14　四种条件下承载关键层的初次破断和周期破断时工作面矿压显现特点

(a) 初次破断;(b) 周期破断

由图 4-14 可以看出,当 $\eta<2$ 时,工作面的来压步距和来压强度的变化曲线斜率均较大,表明 η 值的变化对工作面矿压显现影响明显,工作面来压强度强烈。而当 $\eta>2$,工作面矿压显现程度变化不明显,工作面来压强度较小。

4.3　深梁结构承载关键层破断特征及其极限跨厚比

以往对采场顶板岩层或关键层破断失稳特征的研究多采用基于材料力学的岩梁模型,而材料力学中的研究对象只限于杆状构件,即长度远大于高度和宽度的构件[165-167]。对浅埋厚煤层开采,覆岩承载关键层一般为坚硬较厚岩层,其失稳破断前岩层厚度与跨度之比多数情况下大于 1/5,即岩层厚度相对其跨度而言是比较大或者相当大的。因此,采用材料力学中一般浅梁结构分析浅埋厚煤层开采承载关键层的破断特征是不合理的[168-170]。本节以浅埋厚煤层开采覆岩承载关键层为研究对象,分别建立了承载关键层初次破断与周期性破断深梁结构力学模型,分析了不同边界条件下,承载关键层深梁结构内应力分量及位移分量表达式,并对承载关键层的极限跨厚比、破断特征及其影响因素进行了分析。

4.3.1 深梁结构承载关键层初次破断特征与极限跨厚比

考虑到浅埋煤层开采覆岩中承载关键层坚硬且较厚,其受力特征区别于一般长梁结构,建立深梁结构承载关键层初次破断过程受力特征模型如图 4-15 所示。

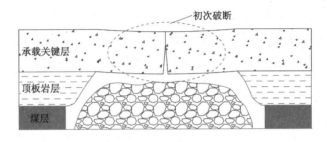

图 4-15 深梁结构承载关键层初次破断特征

受煤层赋存深度、承载关键层层位以及超前支承压力等的影响,深梁结构两端边界条件可能为固支或简支。下面对两种边界条件下深梁结构受力特征进行分析。图 4-16 所示为受均布载荷作用的深梁结构力学模型。如图所示矩形截面的深梁,梁的长度为 l,梁的高度为 h,上表面受均布载荷 q 作用。

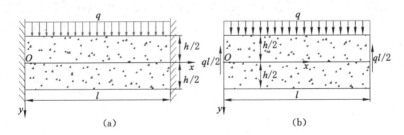

图 4-16 深梁结构承载关键层初次破断力学分析模型

(a) 两端固支;(b) 两端简支

(1) 固支深梁受均布载荷力学模型分析

采用半逆解法设重调和应力函数为 7 项 5 次多项式:

$$\Phi = A(y^5/5 - x^2 y^3) + Bxy^3 + Cy^3 + Dy^2 + Fx^2 y + Gxy + Hx^2 \tag{4-2}$$

式中,A,B,C,D,F,G,H 是 7 个待定系数,由边界条件确定。

在无重力条件下,平面应力分量可用下式表示:

$$\sigma_x = \frac{\partial^2 \Phi}{\partial y^2}, \sigma_y = \frac{\partial^2 \Phi}{\partial x^2}, \tau_{xy} = \frac{\partial^2 \Phi}{\partial x \partial y} \tag{4-3}$$

由式(4-3)得应力分量的公式如下:

$$\begin{cases} \sigma_x = 2A(2y^3 - 3x^2y) + 6Bxy + 6Cy + 2D \\ \sigma_y = -2Ay^3 + 2Fy + 2H \\ \tau_{xy} = 6Axy^2 - 3By^2 - 2Fx - G \end{cases} \tag{4-4}$$

由位移和应力的关系,得到位移分量公式如下:

$$\begin{cases} u = [2A(2+\mu)xy^3 - (2Ax^3 - 3Bx^2 - 6Cx + 2\mu Fx)y + 2Dx - 2\mu Hx]/E - \\ \quad [B(2+\mu)y^3 + 2(1+\mu)Gy]/E + \omega y + u_0 \\ v = [-A(1+2\mu)y^4/2 - (2\mu Ax^2 - 3\mu Bx - 3\mu Cx + F)y^2 - \\ \quad 2\mu Dy + 2Hy + Ax^4/2 - Bx^3 - (2+\mu)Fx^2]/E - \omega x + v_0 \end{cases} \tag{4-5}$$

式中,ω,u_0,v_0 为任意的积分常数,由边界条件确定;E 为弹性模量。

确定承载关键层初次破断固支深梁结构边界条件为:

$$\begin{cases} y = -h/2, \sigma_y = -q, \tau_{xy} = 0 \\ y = h/2, \sigma_y = 0, \tau_{xy} = 0 \\ x = 0, y = 0, u = 0, v = 0 \\ x = 0, y = -h/2, u = 0 \\ x = l, y = 0, u = 0, v = 0 \\ x = l, y = -h/2, u = 0 \end{cases} \tag{4-6}$$

一般而言,随着梁横截面高度的增加,梁的自重也随之增大,由于梁自重在梁内产生的应力会变得突出起来。因此,对深梁结构,分析自重在梁内产生的应力是必要的。然而,深梁的自重应力分析,是弹性力学中比较困难的问题之一。对浅埋厚煤层开采,虽然承载关键层厚度较大,但与其控制岩层及覆盖层的厚度相比一般较小,其所受外载荷相对自身载荷是较大的。因此,可以将承载关键层自重转化为均布载荷,这样更符合现场实际,且简化了计算难度。

根据应力函数表达式(4-2)、应力分量表达式(4-3)以及位移分量表达式(4-4),按边界条件式(4-6)可得到浅埋厚煤层开采承载关键层固支深梁内应力分量表达式以及位移分量表达式如下:

$$\begin{cases} \sigma_x = \dfrac{4q}{h^3}y^3 - \dfrac{6q}{h^3}x^2y + \dfrac{6ql}{h^3}xy - \dfrac{q(l^2 + h^2 - \mu h^2)}{h^3}y - \dfrac{\mu q}{2} \\ \sigma_y = \dfrac{-2q}{h^3}y^3 + \dfrac{3q}{2h}y - \dfrac{q}{2} \\ \tau_{xy} = \dfrac{6q}{h^3}xy^2 - \dfrac{3ql}{h^3}y^2 - \dfrac{3q}{2h}x + \dfrac{3ql}{4h} \end{cases} \tag{4-7}$$

$$\begin{cases} u = \left[\dfrac{2q}{h^3}(2+\mu)xy^3 - \left(\dfrac{2q}{h^3}x^3 - \dfrac{3ql}{h^3}x^2 - \dfrac{q(-l^2 - h^2 + \mu h^2)}{h^3}x + \dfrac{3\mu q}{2h}x\right)y\right]/E - \\ \quad \left[\dfrac{ql(2+\mu)}{h^3}y^3 - \dfrac{3ql(1+\mu)}{2h}y\right]/E - \dfrac{ql(4+5\mu)}{4hE}y \\ v = \left[-\dfrac{q(1+2\mu)}{2h^3}y^4 - \left(\dfrac{2\mu q}{h^3}x^2 - \dfrac{3\mu ql}{h^3}x - \dfrac{\mu q(-l^2 - h^2 + \mu h^2)}{2h^3}x + \dfrac{3q}{4h}\right)y^2 + \right. \\ \quad \left. \dfrac{\mu^2 q}{2}y - \dfrac{q}{2}y + \dfrac{q}{2h^3}x^4 - \dfrac{ql}{h^3}x^3 - \dfrac{(2+\mu)3q}{4h}x^2\right]/E + \dfrac{ql(4+5\mu)}{4hE}x \end{cases} \tag{4-8}$$

式中，q 为承载关键层承受的上覆岩层载荷与其自重载荷之和；μ 为承载关键层岩石的泊松比。

取 $q = 1.0$ MPa，$\mu = 0.2$，$E = 30$ GPa，根据式(4-7)和式(4-8)分别得出承载关键层岩梁长度 $l = 20$ m，厚度 $h = 10$ m 时，岩梁内部应力分量 σ_x 和 τ_{xy} 以及位移分量 u 和 v 的分布曲线见图 4-17 和图 4-18。

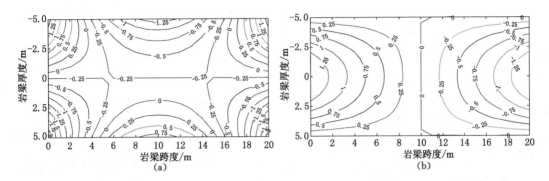

图 4-17　固支条件下岩梁内应力分量分布(MPa)

(a) 应力分量 σ_x；(b) 应力分量 τ_{xy}

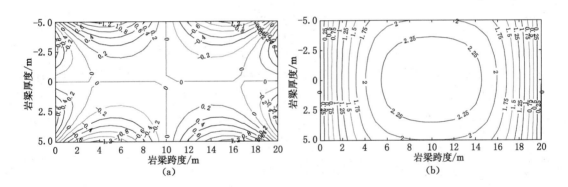

图 4-18　固支条件下岩梁内位移分量分布(mm)

(a) 位移分量 u；(b) 位移分量 v

由图 4-17 和图 4-18 可以看出，固支深梁在均布载荷下，其应力分量 σ_x 和 τ_{xy} 以及位移分量 v 关于深梁的中心线 $x = 10$ m 对称分布，而位移分量 u 则关于深梁的中点 $(10,0)$ 对称分布。

(2) 简支深梁受均布载荷力学模型分析

采用半逆解法，可得简支深梁内应力分量的计算式如下：

$$\begin{cases} \sigma_x = A(3x^2y - 2y^3) + B(x^2 - 2y^2) + 6Hy + 2K \\ \sigma_y = Ay^3 + By^2 + Cy + D \\ \tau_{xy} = -3Axy^2 - 2Bxy - Cx \end{cases} \tag{4-9}$$

由平面应力状态下的物理方程和几何方程：

$$
\begin{cases}
\varepsilon_x = \dfrac{\partial u}{\partial x} = \dfrac{1}{E}(\sigma_x - \mu\,\sigma_y) \\[2mm]
\varepsilon_y = \dfrac{\partial v}{\partial y} = \dfrac{1}{E}(\sigma_y - \mu\,\sigma_x) \\[2mm]
\gamma_{xy} = \dfrac{\partial u}{\partial y} + \dfrac{\partial v}{\partial x} = \dfrac{2(1+\mu)}{E}\tau_{xy}
\end{cases}
\tag{4-10}
$$

结合简支深梁受力特征,运用圣维南原理,考虑简支梁弯矩和剪力的对称性(弯矩对称而剪力反对称)以及中性轴即 $y=0$ 处的应力连续条件,确定边界条件如下:

$$
\begin{cases}
y=-h/2,\ \sigma_y=-q,\ \tau_{xy}=0 \\
y=h/2,\ \sigma_y=0,\ \tau_{xy}=0 \\
y=0,\ \sigma_x=\sigma_y=0 \\
x=0,\ y=0,\ u=v=0 \\
x=l,\ y=0,\ v=0
\end{cases}
\quad 且 \quad
\begin{cases}
\displaystyle\int_{-h/2}^{h/2}(\tau_{xy})_{x=0}\,\mathrm{d}y=-ql/2 \\[2mm]
\displaystyle\int_{-h/2}^{h/2}(\sigma_x)_{x=0}\,y\,\mathrm{d}y=0 \\[2mm]
\displaystyle\int_{-h/2}^{h/2}(\sigma_x)_{x=0}\,\mathrm{d}y=0
\end{cases}
\tag{4-11}
$$

根据应力分量表达式(4-9),按边界条件式(4-11)可得到浅埋厚煤层开采承载关键层简支深梁内应力分量表达式如下:

$$
\begin{cases}
\sigma_x = -\dfrac{6q}{h^3}x^2 y + \dfrac{6ql}{h^3}xy + \dfrac{4qy^3}{h^3} - \dfrac{3qy}{5h} \\[2mm]
\sigma_y = \dfrac{-2q}{h^3}y^3 + \dfrac{3q}{2h}y - \dfrac{q}{2} \\[2mm]
\tau_{xy} = \dfrac{6q}{h^3}xy^2 - \dfrac{3ql}{h^3}y^2 - \dfrac{3q}{2h}x + \dfrac{3ql}{4h}
\end{cases}
\tag{4-12}
$$

结合平面应力状态下的物理方程和几何方程(4-10),承载关键层简支深梁内位移分量表达式如下:

$$
\begin{cases}
u = \dfrac{2q}{Eh^3}(lx-x^2+\dfrac{l^2}{2})(x-\dfrac{l}{2})y + \dfrac{\mu q}{2E}x + \dfrac{q}{Eh}\left[(4+2\mu)\dfrac{y^2}{h^2} - \dfrac{3}{5} - \dfrac{3\mu}{2}\right](x-\dfrac{l}{2})y \\[3mm]
v = -\dfrac{3\mu q}{Eh^3}(l-x)xy^2 - \dfrac{q}{Eh}\left[(\dfrac{1}{2}+\mu)\dfrac{y^2}{h^2} - \dfrac{3\mu}{10} - \dfrac{3}{4}\right]y^2 + \dfrac{q}{Eh}(\dfrac{6}{5}+\dfrac{3\mu}{4})(l-x)x - \\[3mm]
\qquad \dfrac{q}{2E}y + \dfrac{q}{2Eh^3}(x-l)(x^2-lx-l^2)x
\end{cases}
$$

$$\tag{4-13}$$

式中,q 为承载关键层承受的上覆岩层载荷与其自重载荷之和;μ 为承载关键层岩石的泊松比。

取 $q=1.0\ \mathrm{MPa}$,$\mu=0.2$,$E=30\ \mathrm{GPa}$,根据式(4-12)和式(4-13)分别得出承载关键层岩梁长度 $l=20\ \mathrm{m}$,厚度 $h=10\ \mathrm{m}$ 时,岩梁内部应力分量 σ_x 和 τ_{xy} 以及位移分量 u 和 v 的分布曲线见图 4-19 和图 4-20。

由图 4-19 和图 4-20 可以看出,简支深梁在均布载荷下,其应力分量 σ_x 和 τ_{xy} 以及位移分量 v 关于深梁的中心线 $x=10\ \mathrm{m}$ 对称分布,而位移分量 u 则关于深梁的中点(10,0)对称分布。

(3)深梁结构承载关键层初次破断极限跨厚比分析

对式(4-7),令 $x=ml(0\leqslant m\leqslant 1)$,$y=nh(-0.5\leqslant n\leqslant 0.5)$,$l/h=\varepsilon$,则固支深梁结构内切应力表达式可用下式表达:

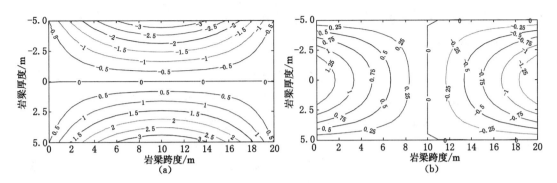

图 4-19　简支条件下岩梁内应力分量分布（MPa）

(a) 应力分量 σ_x；(b) 应力分量 τ_{xy}

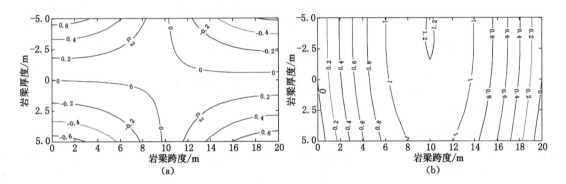

图 4-20　简支条件下岩梁内位移分量分布（mm）

(a) 位移分量 u；(b) 位移分量 v

$$\tau_{xy} = \left| \frac{3\varepsilon q}{4}(2m-1)(4n^2-1) \right| \tag{4-14}$$

式中，ε 为深梁结构跨厚比，即跨度 l 与厚度 h 之比。

由式(4-14)及固支深梁结构易断裂危险点分析可知，当 $m=0.5$ 且 $n=0.5$ 时，$\tau_{xy}=0$，即固支深梁结构中截面下边界位置($l/2$,$h/2$)处剪应力为零[见图 4-17(b)]，则此处的水平拉应力分量 σ_x 即为该位置的最大主应力[见图 4-17(a)]，由此得到固支深梁结构相应位置处的拉应力为：

$$\sigma_{x\max} = \sigma_x \big|_{(\frac{l}{2},\frac{h}{2})} = \frac{ql^2}{4h^2} \tag{4-15}$$

由式(4-14)分析可知，当 $m=0$ 且 $n=0$ 或 $m=1$ 且 $n=0$ 时，τ_{xy} 达到最大值，即固支深梁结构固定端位置(0,0)或(l,0)处剪应力最大[见图 4-17(b)]，则此处深梁结构剪应力为：

$$|\tau_{\max}| = |(\tau_{xy})_{(0,0)}| = |(\tau_{xy})_{(l,0)}| = \frac{3ql}{4h} \tag{4-16}$$

当固支深梁在该处的正应力达到岩层的抗拉强度极限，即 $\sigma_{x\max} = R_T$ 时，根据材料的最大拉应力强度理论，岩层将在该处发生拉断破坏，考虑到岩层的非均质及脆性断裂等特性，取岩层趋于破坏时的安全系数为 η，此时深梁断裂时的极限跨距为：

$$L_{iT} = 2h\sqrt{\frac{R_T}{\eta q}} \tag{4-17}$$

当固支深梁在该处的剪应力达到岩层的抗剪强度极限,即 $\tau_{\max} = R_S$ 时,根据材料的最大剪应力强度理论,岩层将在该处发生剪断破坏。此时深梁断裂时的极限跨距为:

$$L_{is} = h \frac{4R_S}{3\eta q} \qquad (4\text{-}18)$$

根据深梁结构跨厚比 $\varepsilon = l/h$,对比式(4-17)与式(4-18),设深梁拉断破坏时的极限跨厚比 $\varepsilon_{iT} = \sqrt{2R_T/\eta q}$,剪断破坏时的极限跨厚比 $\varepsilon_{is} = 4R_S/3\eta q$。则式(4-17)与式(4-18)可表示为:

$$L_{iT} = \varepsilon_{iT} h \qquad (4\text{-}19)$$

$$L_{is} = \varepsilon_{is} h \qquad (4\text{-}20)$$

同以上分析,可得简支深梁分别发生拉断破坏和剪断破坏的极限跨距为:

$$L'_{iT} = 2h\sqrt{R_T/\eta q - 1/15} \qquad (4\text{-}21)$$

$$L'_{is} = 4R_S h/3\eta q \qquad (4\text{-}22)$$

则此时深梁拉断破坏时的极限跨厚比 $\varepsilon'_{iT} = 2\sqrt{R_T/\eta q - 1/15}$,剪断破坏时的极限跨厚比 $\varepsilon'_{is} = 4R_S/3\eta q$。

浅埋厚煤层开采覆岩承载关键层一般为砂岩类岩层,根据相关研究[3],砂岩的抗剪强度一般为抗拉强度的 $2.22 \sim 5.28$ 倍,平均 3.26 倍。取 $R_S = 3R_T$,$\eta = 2.0$,得出深梁结构承载关键层发生初次破断时的极限跨厚比如图 4-21 所示。

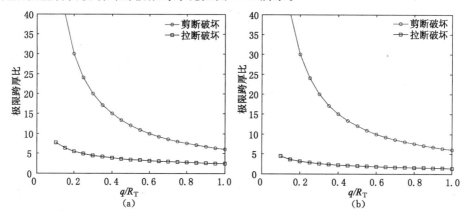

图 4-21 深梁结构承载关键层初次破断时的极限跨厚比

(a) 固支条件下;(b) 简支条件下

由图 4-21 可以看出,在同样条件下,深梁结构承载关键层发生拉断破坏时的极限跨厚比要比其发生剪断破坏时的极限跨厚比小,故不同条件下深梁结构承载关键层的初次破断极限跨距分别为:

$$\begin{cases} L_{iT} = 2h\sqrt{\dfrac{R_T}{\eta q}} & \text{(固支)} \\[3mm] L'_{iT} = 2h\sqrt{\dfrac{R_T}{3\eta q} - \dfrac{1}{15}} & \text{(简支)} \end{cases} \qquad (4\text{-}23)$$

其相应的极限跨厚比分别为 $\varepsilon_{iT} = 2\sqrt{R_T/\eta q}$ 及 $\varepsilon'_{iT} = 2\sqrt{R_T/3\eta q - 1/15}$。

根据材料力学相关知识[3,171,172],固支条件下承载关键层结构初次破断跨距为 $L_{iT} =$

$h\sqrt{2R_{\mathrm{T}}/q}$，简支条件下承载关键层结构初次破断跨距为 $L_{\mathrm{iT}} = 2h\sqrt{R_{\mathrm{T}}/3q}$。根据弹性力学知识[172]，固支条件下承载关键层初次破断跨距为 $L_{\mathrm{iT}} = 2h\sqrt{R_{\mathrm{T}}/q-0.2}$。

取 $R_{\mathrm{T}}/q = 1.5$，$\eta = 1.0$，得到三种计算方法下，承载关键层初次破断跨距随岩梁厚度的变化曲线如图 4-22 所示。

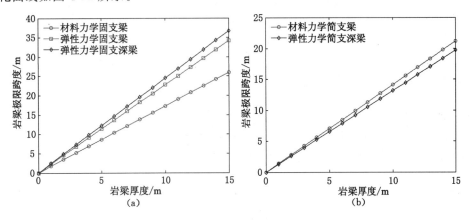

图 4-22　三种计算方法计算结果比较

(a) 固支条件下；(b) 简支条件下

由图 4-22 可以看出，随着岩梁厚度的增大，其破断跨距增大，当岩梁厚度较小时，三种方法计算结果相对误差较小，而随着岩梁厚度的增大，其相对误差逐渐增大。材料力学解基于平截面假定原理，即垂直于岩梁轴线的各平截面变形后仍为平面且同变形后的岩梁轴线垂直，其计算结果没有考虑岩梁固支或悬臂边界的受力和变形条件。而对一般岩梁的弹性力学解则只考虑到了边界的受力条件而忽略了位移边界。基于深梁结构的弹性力学解析解，根据岩梁厚度的增大带来的边界问题的改变，充分考虑到其边界应力与位移条件，其计算结果更符合浅埋煤层开采覆岩破断的现场实际。

深梁结构承载关键层极限跨厚比 ε 受岩体强度 R_{T} 及载荷 q 的影响。图 4-23 所示为承载关键层不同破断特征条件下极限跨厚比 ε 与抗拉强度 R_{T} 及载荷 q 的关系。由图 4-23 可知，承载关键层极限跨厚比 ε 随其所受载荷 q 的增大而减小，随自身强度的增大而增大，表明了承载关键层的稳定性程度。

4.3.2　深梁结构承载关键层周期破断特征与极限跨厚比

承载关键层初次破断垮落后，将随着工作面的继续推进发生周期性破断垮落，受承载关键层岩性、厚度、煤层埋深以及垮落带高度等的影响，深梁结构承载关键层周期破断过程受力特征可分为以下两种情况，如图 4-24 所示。由于垮落带高度及垮落矸石堆积程度的不同，当承载关键层不受已垮落块体的挤压作用时[见图 4-24(a)]，其可按悬臂深梁结构处理。而当承载关键层一端连续，另一端受到已垮落块体的挤压作用时[见图 4-24(b)]，其将形成有别于悬臂深梁结构的类悬臂深梁结构。

图 4-25 所示为深梁结构承载关键层周期破断力学分析模型。

如图 4-25(a) 所示矩形截面的悬臂深梁，梁的长度为 l，高度为 h，上表面受均布载荷 q 作用。如图 4-25(b) 所示矩形截面的类悬臂深梁，梁的长度为 l，高度为 h，上表面受均布载荷 q 作用。将受力模型进行以下简化，即深梁左端承受相邻已垮落块体或矸石的挤压、支撑

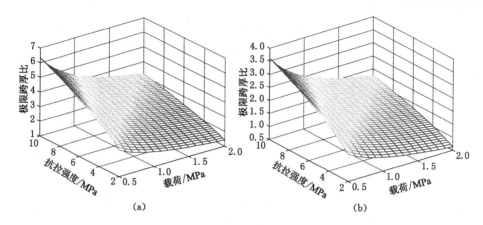

图 4-23　承载关键层初次破断极限跨厚比 ε 与抗拉强度 R_T 及载荷 q 的关系

(a) 固支条件下（$\eta = 2.0$）；(b) 简支条件下（$\eta = 2.0$）

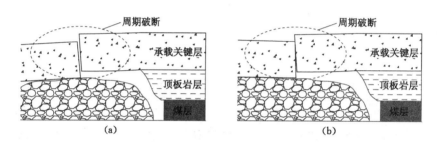

图 4-24　深梁结构承载关键层周期破断特征

（a）悬臂深梁结构；(b) 类悬臂深梁结构

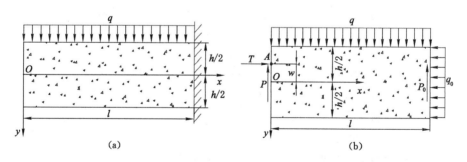

图 4-25　深梁结构承载关键层周期破断力学分析模型

（a）悬臂深梁结构；(b) 类悬臂深梁结构

及摩擦作用产生的水平及竖直方向合力 T 和 P，右端为与应力分布等效的水平合力 T_0 及竖直方向合力 P_0。考虑到岩石的挤压塑性变形，设连续端作用点均位于岩石挤压塑性变形尺寸 a 的边界位置，$a = (h - l\sin\theta)/2$。

（1）悬臂深梁受均布载荷力学模型分析

应用半逆解法求解各应力分量，得：

$$\begin{cases} \sigma_x = x^2(6Ay + 2B)/2 + x(6Fy + 2G) - 2Ay^3 - 2By^2 + 6Iy + 2K \\ \sigma_y = Ay^3 + by^2 + Cy + D \\ \tau_{xy} = -x(3Ay + 2By + C) - 3Fy^2 - 2Gy - H \end{cases} \qquad (4\text{-}24)$$

由位移和应力的关系,得到位移分量公式如下:

$$
\begin{cases}
u = \left[A(2+\mu)xy^3 + (2Ax^3 + 3Fx^2 + 6Ix + 2Kx - \mu Cx)y - \mu Dx\right]/E - \\
\qquad \left[\dfrac{2+\mu}{3}Fy^3 + 2(1+\mu)Gy^2 + Hy\right]/E + \omega y + u_0 \\
v = \left[-A(1+2\mu)y^4/4 + \left(\dfrac{3\mu}{2}Ax^2 + \dfrac{C}{2} - 3\mu Fx - 3\mu I\right)y^2 + Dy + \right. \\
\qquad \left. 2\mu Ky - Ax^4/4 - 3Ix^2 - \dfrac{(2+\mu)}{2}Cx^2\right]/E - \omega x + v_0
\end{cases}
\tag{4-25}
$$

式中,ω, u_0, v_0 为任意的积分常数,由边界条件确定;E 为弹性模量。

参照固支深梁边界条件的确定方法,对浅埋厚煤层开采承载关键层周期性破断前悬臂深梁结构,考虑固定端剪力及弯矩特征,确定其边界条件应为:

$$
\begin{cases}
y = -h/2, \sigma_y = -q, \tau_{xy} = 0 \\
y = h/2, \sigma_y = 0, \tau_{xy} = 0 \\
x = 0, y = 0, u = 0, v = 0 \\
x = 0, y = -h/2, u = 0
\end{cases}
\quad \text{且} \quad
\begin{cases}
\displaystyle\int_{-h/2}^{h/2} (\tau_{xy})_{x=0}\,\mathrm{d}y = -ql \\
\displaystyle\int_{-h/2}^{h/2} (\sigma_x)_{x=0}\,y\,\mathrm{d}y = -ql^2/2 \\
\displaystyle\int_{-h/2}^{h/2} (\sigma_x)_{x=0}\,\mathrm{d}y = 0
\end{cases}
\tag{4-26}
$$

根据应力分量表达式(4-24)以及位移分量表达式(4-25),按边界条件式(4-26)得浅埋厚煤层开采承载关键层周期破断前应力分量表达式及位移分量表达式如下:

$$
\begin{cases}
\sigma_x = \dfrac{4q}{h^3}y^3 - \dfrac{6q}{h^3}x^2y + \dfrac{12ql}{h^3}xy + \dfrac{3q(10l^2 - h^2)}{5h^3}y \\
\sigma_y = \dfrac{-2q}{h^3}y^3 + \dfrac{3q}{2h}y - \dfrac{q}{2} \\
\tau_{xy} = \dfrac{6q}{h^3}xy^2 + \dfrac{6ql}{h^3}y^2 - \dfrac{3q}{2h}x - \dfrac{3ql}{2h}
\end{cases}
\tag{4-27}
$$

$$
\begin{cases}
u = \left[\dfrac{2q}{h^3}(2+\mu)xy^3 - \left(\dfrac{2q}{h^3}x^3 + \dfrac{6ql}{h^3}x^2 + \dfrac{3q(10l^2 - h^2)}{5h^3}x + \dfrac{3\mu q}{2h}x\right)y + \dfrac{\mu q}{2}x\right]/E + \\
\qquad \left[\dfrac{2ql(2+\mu)}{3h^3}y^3 - \dfrac{3ql}{2h}y\right]/E + \dfrac{ql(7-5\mu)}{6hE}y \\
v = \left[-\dfrac{q(1+2\mu)}{2h^3}y^4 - \left(\dfrac{3\mu q}{h^3}x^2 + \dfrac{6\mu ql}{h^3}x + \dfrac{3\mu q(10l^2 - h^2)}{15h^3}x + \dfrac{3q}{4h}\right)y^2 + \dfrac{q}{2}y + \right. \\
\qquad \left. \dfrac{q}{2h^3}x^4 + \dfrac{2ql}{h^3}x^3 + \dfrac{q(20l^2 + 34h^2 + 30\mu h^2)}{20h^3}x^2\right]/E - \dfrac{ql(7-5\mu)}{6hE}x
\end{cases}
$$

$$\tag{4-28}$$

式中,q 为承载关键层承受的上覆岩层载荷与其自重载荷之和;μ 为承载关键层岩石的泊松比。

取 $q = 1.0$ MPa,$\mu = 0.2$,$E = 30$ GPa,根据式(4-27)和式(4-28)分别得出承载关键层岩梁长度 $l = 15$ m,厚度 $h = 10$ m 时,岩梁内部应力分量 σ_x 和 τ_{xy} 以及位移分量 u 和 v 的分布曲线见图4-26和图4-27。

由图4-26和图4-27可以看出,悬臂深梁在均布载荷下,其应力分量与位移分量均关于深梁的中截面 $y = 0$ m 对称分布。

(2)类悬臂深梁受均布载荷力学模型分析

对类悬臂深梁进行分析,水平及竖直方向的平衡条件为:

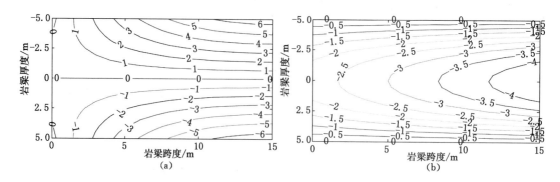

图 4-26　悬臂岩梁内应力分量分布（MPa）

(a) 应力分量 σ_x；(b) 应力分量 τ_{xy}

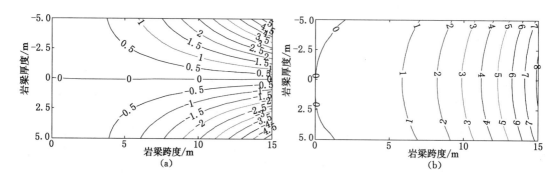

图 4-27　悬臂岩梁内位移分量分布（mm）

(a) 位移分量 u；(b) 位移分量 v

$$\sum F_x = 0, T = T_0$$

$$\sum F_y = 0, P + P_0 = ql$$

A 点位置处的力矩平衡条件为：

$$\sum M_A = 0, T_0\left(\frac{h}{2} + w - \frac{a}{2}\right) + \frac{1}{2}ql^2 = P_0 l$$

设连续端挤压应力为 σ_p，则：

$$\sigma_p = \frac{T_0}{a} = \frac{T_0}{2(h - l\sin\theta)} \tag{4-29}$$

式中，θ 为岩梁变形回转角。

令 $\sigma_p = \bar{k}R_C$，其中 $\bar{k}$ 为岩梁连续端挤压强度与抗压强度的比值，取值范围为 $0\sim1$。则根据以上平衡条件，得到岩梁两端所受合力的表达式分别为：

$$\begin{cases} T = \bar{k}R_C a \\[2mm] P_0 = \frac{1}{2}ql + \dfrac{\bar{k}R_C a\left(\dfrac{h}{2} + w - \dfrac{a}{2}\right)}{l} \\[4mm] P = \frac{1}{2}ql - \dfrac{\bar{k}R_C a\left(\dfrac{h}{2} + w - \dfrac{a}{2}\right)}{l} \end{cases} \tag{4-30}$$

依据圣维南原理,结合块体两端合力边界条件及深梁内应力表达式(4-12)和式(4-27),得到承载关键层类悬臂深梁内的应力分量表达式如下:

$$\begin{cases} \sigma_x = \dfrac{4q}{h^3}y^3 - \dfrac{6q}{h^3}x^2 y + \dfrac{12P_0}{h^3}xy + \dfrac{6T}{h^2}y - \dfrac{3q}{5h}y \\ \sigma_y = \dfrac{-2q}{h^3}y^3 + \dfrac{3q}{2h}y - \dfrac{q}{2} \\ \tau_{xy} = \dfrac{6q}{h^3}xy^2 - \dfrac{3P_0}{h^3}y^2 - \dfrac{3q}{2h}x + \dfrac{3P_0}{4h} \end{cases} \tag{4-31}$$

式中,q 为承载关键层承受的上覆岩层载荷与其自重载荷之和。

取 $q = 1.0$ MPa,$\bar{k} = 0.2$,$R_c = 30.0$ MPa,$w = 0$,$\theta = 0$,根据式(4-31)得出承载关键层岩梁长度 $l = 15$ m,厚度 $h = 10$ m 时,岩梁内部应力分量 σ_x 和 τ_{xy} 分布曲线见图4-28。由图4-28可以看出,类悬臂深梁在均布载荷下,在相邻已垮落块体或矸石的挤压、支撑及摩擦作用下,岩梁内应力分量分布区别于悬臂深梁,但仍然关于深梁的中截面 $y = 0$ m 对称分布。

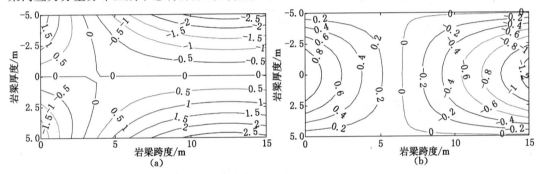

图 4-28　类悬臂岩梁内应力分量分布(MPa)

(a) 应力分量 σ_x;(b) 应力分量 τ_{xy}

(3) 深梁结构承载关键层周期破断极限跨厚比分析

对式(4-27),令 $x = ml(0 \leqslant m \leqslant 1)$,$y = nh(-0.5 \leqslant n \leqslant 0.5)$,$l/h = \varepsilon$,则悬臂深梁结构内切应力表达式可用下式表达:

$$\tau_{xy} = \left| \frac{3\varepsilon q}{2}(m+1)(4n^2 - 1) \right| \tag{4-32}$$

由式(4-32)及深梁结构易断裂危险点分析可知,当 $m = 1$ 且 $n = -0.5$ 时,$\tau_{xy} = 0$,即悬臂深梁结构固支端上边界位置$(l, -h/2)$处剪应力为零[见图4-26(b)],则此处的水平拉应力分量 σ_x 即为该位置的最大主应力[见图4-26(a)],由此得到悬臂深梁结构相应位置处的拉应力为:

$$\sigma_{x\max} = \sigma_x \big|_{(l, -\frac{h}{2})} = \frac{6ql^2}{h^2} + \frac{q}{5} \tag{4-33}$$

由式(4-32)分析可知,当 $n = 0$ 时,τ_{xy} 达到最大值,即悬臂深梁结构固定端中心位置$(0, l)$处剪应力最大[见图4-26(b)],则此处悬臂深梁结构剪应力为:

$$|\tau_{\max}| = |(\tau_{xy})_{(0,0)}| = \frac{3ql}{h} \tag{4-34}$$

因此,可得悬臂深梁发生拉断破坏时的极限跨距为:

$$l_{iT} = h \sqrt{\frac{R_T}{6\eta q} - \frac{1}{30}} \tag{4-35}$$

而悬臂深梁发生剪断破坏时的极限跨距为：

$$l_{is} = h \frac{R_S}{3\eta q} \tag{4-36}$$

则悬臂深梁拉断破坏时的极限跨厚比 $\zeta_{iT} = \sqrt{R_T/6\eta q - 1/30}$，剪断破坏时的极限跨厚比 $\zeta_{is} = R_S/3\eta q$。

同以上分析，可得类悬臂深梁分别发生拉断破坏和剪断破坏的极限跨距满足：

$$\begin{cases} \dfrac{-15\bar{k}R_C(h - l'_{iT}\sin\theta)[2h - 4w - (h - l'_{iT}\sin\theta)] - 4qh^2}{20h^2} = R_T \\ \left| \dfrac{-36ql_{is}^2 + 3\bar{k}R_C(h - l'_{is}\sin\theta)[2h + 4w - (h - l'_{is}\sin\theta)]}{32hl_{is}} \right| = R_S \end{cases} \tag{4-37}$$

令 $w=0$，则此时类悬臂深梁分别发生拉断破坏和剪断破坏的极限跨距为：

$$\begin{cases} l'_{iT} = h \sqrt{\dfrac{1}{\sin^2\theta} - \dfrac{20R_T}{15\eta \bar{k}R_C\sin^2\theta} - \dfrac{4q}{15\bar{k}R_C\sin^2\theta}} \\ l'_{is} = h \dfrac{32R_S + \sqrt{1\,024R_S^2 - 432\bar{k}R_Cq - 36\bar{k}^2R_C^2\sin^2\theta}}{72\eta q + 6\eta \bar{k}R_C} \end{cases} \tag{4-38}$$

类悬臂深梁拉断破坏和剪断破坏时的极限跨厚比分别为：

$$\begin{cases} \zeta'_{iT} = \sqrt{\dfrac{1}{\sin^2\theta} - \dfrac{20R_T}{15\eta \bar{k}R_C\sin^2\theta} - \dfrac{4q}{15\bar{k}R_C\sin^2\theta}} \\ \zeta'_{is} = \dfrac{32R_S + \sqrt{1\,024R_S^2 - 432\bar{k}R_Cq - 36\bar{k}^2R_C^2\sin^2\theta}}{72\eta q + 6\eta \bar{k}R_C} \end{cases} \tag{4-39}$$

取 $R_S = 3R_T, \eta = 2.0, R_C = 15R_T, \bar{k} = 0.2, \theta = 10°$，得出深梁结构承载关键层周期破断时的极限跨厚比如图 4-29 所示。

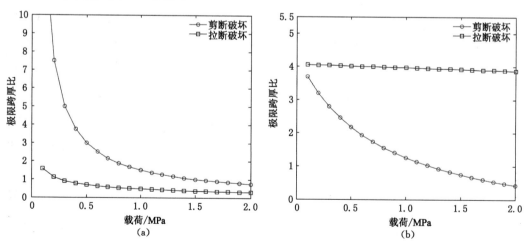

图 4-29　深梁结构承载关键层周期破断时的极限跨厚比（$R_T = 3.0$ MPa）

（a）悬臂条件下；（b）类悬臂条件下

由图 4-29 可以看出,在同样条件下,悬臂深梁结构承载关键层发生拉断破坏时的极限跨厚比要比其发生剪断破坏时的极限跨厚比小,此时深梁结构承载关键层周期破断主要为拉断破坏。而类悬臂深梁结构承载关键层发生拉断破坏时的极限跨厚比要比其发生剪断破坏时的极限跨厚比大,此时深梁结构承载关键层周期破断主要为剪断破坏。

图 4-30 所示为承载关键层周期破断极限跨厚比 ε 与抗拉强度 R_T,抗剪强度 R_S 及载荷 q 的关系。由图 4-30 可知,承载关键层极限跨厚比 ε 随其所受载荷 q 的增大而减小,随自身强度的增大而增大,表明了承载关键层的稳定性程度。

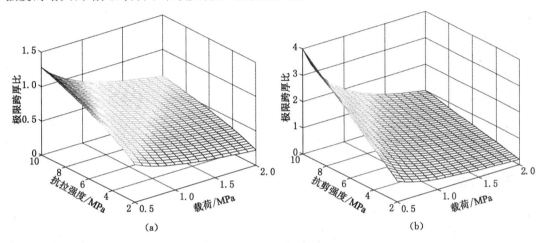

图 4-30　承载关键层周期破断极限跨厚比 ε 与抗拉强度 R_T,抗剪强度 R_S 及载荷 q 的关系
(a) 悬臂条件下($\eta = 2.0$);(b) 类悬臂条件下($\eta = 2.0$)

4.4　覆岩承载关键层稳定性及贯通型地裂缝形成机理

当承载关键层位于煤层开采覆岩垮落带范围内时,岩块 M 和岩块 N 形成"台阶岩梁"结构,如图 4-9(a)所示。其中,岩块 N 完全落在垮落矸石上,岩块 M 随工作面的推进发生回转,并受到岩块 M 在 A 点以及岩块 N 在 B 点的支撑作用,为了分析承载关键层"台阶岩梁"结构的失稳运动形式,建立覆岩承载关键层"台阶岩梁"结构受力模型如图 4-31 所示。

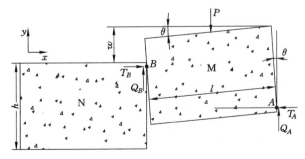

图 4-31　关键块体 M 受力结构模型

为了分析承载关键层"台阶岩梁"结构的失稳运动形式,对关键块体 M 进行力学分析如下:

承载关键层下部岩层垮落后并不能完全充填采空区,因此承载关键层破断后岩块 N 完全落在垮落矸石上,此时岩块 N 的下沉量为:

$$w = M - (K_z - 1)L \tag{4-40}$$

式中 M——煤层采高,m;

$\quad\quad K_z$——垮落岩石的碎胀系数,一般取 1.1~1.3;

$\quad\quad L$——承载关键层下基岩层厚度,m。

定义承载关键层厚度 h 与岩块下沉量 w 差值为承载关键层破断岩块间重合厚度 h_0,则 $h_0 = h - w$;定义承载关键层破断岩块间重合厚度与承载岩层厚度之比为承载关键层岩块间重合系数 n,则 n 可用下式表达:

$$n = \frac{h_0}{h} = \frac{h - w}{h} \tag{4-41}$$

式中,n 值取值范围为 0~1,当 $0 < n < 1$ 时,承载关键层位于煤层开采后覆岩垮落带范围内,而当 $n = 1$ 时,承载关键层位于煤层开采后覆岩裂缝带范围内。

根据岩块回转的几何接触关系,考虑到岩石的挤压塑性变形以及岩块 M 在 A 点临界失稳时的受力情况,设水平力 T_A 和 T_B 作用点均位于岩石挤压塑性变形尺寸 a 的边界位置,a 可用下式表达:

$$a = \frac{1}{2}(h - l\sin\theta) \tag{4-42}$$

式中,h 为承载关键层厚度;l 为承载关键层破断极限长度尺寸;θ 为破断块体的回转变形角度。

对岩块 M 进行分析,根据水平和竖直方向力的平衡条件以及 $Q_A = Q_B$,得:

$$\sum F_x = 0, T_A = T_B$$

$$\sum F_y = 0, Q_A = Q_B = P/2$$

A 点位置处的力矩平衡条件为:

$$\sum M_A = 0$$

$$Q_B\left[l\cos\theta + (h - w - \frac{3}{2}a)\tan\theta\right] - P\frac{l}{2}\cos\theta + T_B(h - w - 2a) = 0$$

根据上式解得块体边缘水平挤压力:

$$T_A = T_B = \frac{P(h - w - \frac{3}{2}a)\tan\theta}{2(h - w - 2a)} \tag{4-43}$$

令承载关键层破断岩块跨厚比 $\varepsilon = l/h$,将式(4-41)和式(4-42)代入式(4-43)得:

$$T_A = T_B = \frac{P(3n - 1 + \varepsilon\sin\theta)\tan\theta}{4(n - 1 + \varepsilon\sin\theta)} \tag{4-44}$$

若岩块 M 在 A 点发生滑落失稳,则须满足:

$$T_A\tan\varphi \geqslant Q_A \tag{4-45}$$

式中,$\tan\varphi$ 为破断岩块间摩擦因数,一般取 0.5。

将 $Q_A = P/2$ 以及式(4-44)代入式(4-45),整理得到岩块 M 不发生滑落失稳应当满足的条件为:

$$\varepsilon \geqslant \frac{4 - 4n + 3n\tan\theta - \tan\theta}{\sin\theta(4 - \tan\theta)} \tag{4-46}$$

按照浅埋煤层工作面一般条件,取 θ 为 $0° \sim 12°$,根据式(4-46)计算得出不同 n 值条件下,承载关键层破断岩块不发生滑落失稳应满足的条件如图4-32所示。

由图4-32可以看出,承载关键层"台阶岩梁"结构不发生滑落失稳的条件一般为 $\varepsilon >$ 2.0,浅埋煤层开采承载关键层破断块体极限跨厚比 ε 一般在2.0以下,故其失稳运动形式表现为滑落失稳。

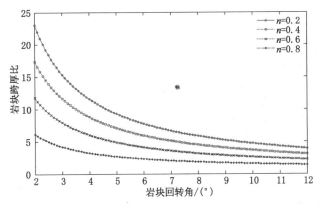

图4-32　岩块发生滑落失稳与 n 及 θ 的关系

当承载关键层位于煤层开采覆岩垮落带范围内时,岩块 M 和岩块 N 形成类"砌体梁"结构,如图4-9(b)所示。根据承载关键层"台阶岩梁"结构关键块体 M 的分析可知,承载关键层位于煤层开采过后裂缝带范围内时,承载关键层破断块体 M 不发生滑落失稳时的判别式可按式(4-46)中 $n=1.0$ 时进行分析,此时承载关键层结构岩块 M 不发生滑落失稳应满足的条件为:

$$\varepsilon \geqslant \frac{2\tan\theta}{\sin\theta(4 - \tan\theta)} \tag{4-47}$$

由式(4-47)可以看出,岩块 M 是否发生滑落失稳与其自身块体跨厚比 ε 以及块体回转角 θ 有关,图4-33为块体不发生滑落失稳满足的条件。

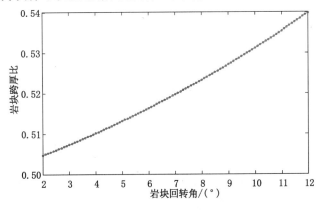

图4-33　岩块发生滑落失稳与 θ 的关系

由图 4-33 可以看出,此时承载关键层破断后块体不发生滑落失稳的条件一般为 ε＞0.5,而浅埋厚煤层开采承载关键层破断块体极限跨厚比均大于 0.5,故其失稳运动形式将表现为回转失稳。

工作面充分开采后,考虑到垮落带岩层破断角 α 的影响,承载关键层的破断滞后于工作面开采位置一定距离 l_T。随着工作面的推进,承载关键层周期性破断失稳,地表贯通型采动裂缝与承载关键层周期性破断同步,且每条裂缝的平均间距可用承载关键层周期性破断跨距 L'_{iT} [式(4-21)] 计算。当承载关键层位于覆岩垮落带范围内时,其失稳运动形式表现为滑落失稳,地表采动裂缝发育形态表现为台阶型裂缝。当承载关键层位于覆岩裂缝带范围内时,其失稳运动形式表现为回转失稳,承载关键层的回转下沉造成地表水平变形增大,裂缝张开量大,由于黄土及风积沙覆盖层物理力学指标低,裂缝张开量随承载关键层回转运动增大的同时,裂缝两侧弱面将发生分叉离层,两分支间的三角体在重力的作用下向下运动,成为塌陷槽。承载关键层周期性失稳运动及地裂缝形成过程见图 4-34。由图中分析可知,浅埋煤层开采地裂缝垂直错动量 Δw 与水平张开量 Δu 主要由承载关键层破断岩块的回转下沉值确定。

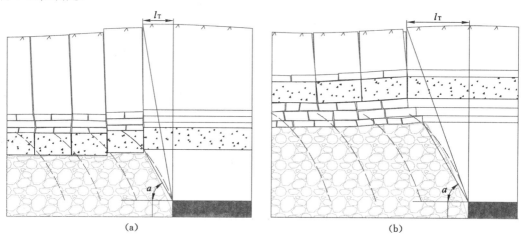

图 4-34　承载关键层周期性失稳运动及地裂缝形成过程

(a) 台阶型地裂缝形成过程;(b) 塌陷型地裂缝形成过程

5 浅埋厚煤层开采覆岩失稳运动特征与断裂裂缝时空演化规律

    煤炭地下开采引起的覆岩变形和失稳运动是一个随时间和空间发生动态发展变化的过程。在浅埋厚煤层开采条件下,覆岩变形破坏和失稳运动的这种时间和空间的动态变化过程会呈现不同的特点,这也是研究浅埋厚煤层开采覆岩断裂裂缝时空演化规律的基础。本章基于浅埋厚煤层开采承载关键层回转下沉过程对覆岩断裂裂缝动态发育规律的影响,采用相似模拟与理论分析相结合,分析浅埋厚煤层开采覆岩失稳运动及其动态移动变形特征以及覆岩断裂裂缝的时空演化规律,研究承载关键层回转下沉、覆岩变形特征与断裂裂缝动态发育规律,以及覆岩结构失稳运动对断裂裂缝贯通度的影响。采用离散元 3DEC 数值计算,分析承载关键层层位、基岩厚度、松散覆盖层厚度、工作面推进速度以及地表地形等对浅埋厚煤层开采覆岩破断失稳及断裂裂缝时空演化规律的影响。研究浅埋厚煤层开采覆岩断裂裂缝的产生位置、分布情况,裂缝动态发育变化与工作面推进位置之间的关系,裂缝张开闭合变化规律及其贯通程度变化特征,确定覆岩断裂裂缝的动态时空演化特征、类型和分布范围。

5.1 浅埋厚煤层开采覆岩失稳运动及其动态移动变形特征

    浅埋厚煤层开采承载关键层的地质赋存条件(所受载荷、自身厚度及强度等)决定了承载关键层的破断块度及其失稳运动形式。另外,由于垮落带岩层垮落角的影响,承载关键层的破断、覆岩移动变形以及断裂裂缝的发展演化及其与工作面的相对位置关系均受到承载关键层层位因素的影响。本节在上述分析内容的基础上,以串草圪旦煤矿煤岩层赋存条件为背景,采用平面应力物理相似模拟实验,分析浅埋厚煤层开采承载关键层分别位于垮落带与裂缝带时,随工作面推进覆岩失稳运动及移动变形特征。

    (1)浅埋厚煤层开采地表沉陷与覆岩动态移动变形特征

    承载关键层失稳运动前后覆岩位移等值线分布特征对比分析如图 5-1 所示。

    由图 5-1 可以看出,随着煤层的开采,覆岩位移等值线呈拱形,且垮落带范围内覆岩测点位移值较大,裂缝带范围内测点位移变化较小。位移等值线随工作面推进过程中承载关键层的失稳运动呈线条状向前扩展,这表明随着承载关键层的失稳运动覆岩将产生直通地表的采动裂缝。

    (2)重复采动对覆岩失稳运动及其动态移动变形特征的影响

    图 5-2 所示为 4# 煤层采空区下 6# 煤层充分开采条件下,覆岩位移等值线分布特征。

    由图 5-2 可以看出,充分开采条件下,6# 煤层的开采导致 4# 煤层采空区已运动稳定的岩层再次发生失稳运动,导致覆岩再次发生失稳移动。

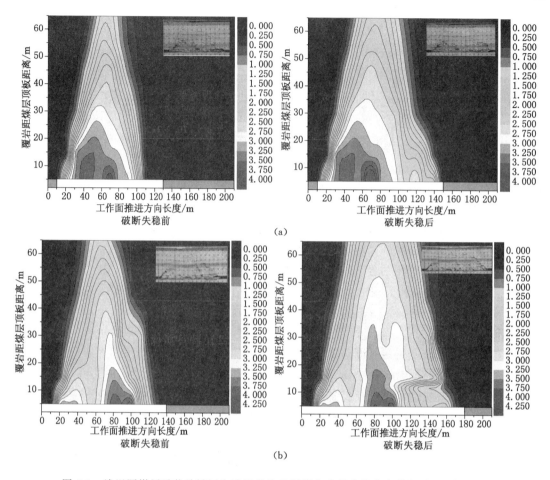

图 5-1　浅埋厚煤层承载关键层失稳运动前后覆岩位移等值线分布特征对比(单位:m)

(a)承载关键层位于覆岩垮落带;(b)承载关键层位于覆岩裂缝带

5.2　浅埋厚煤层开采覆岩断裂裂缝产生机理及其时空演化规律

5.2.1　浅埋厚煤层开采覆岩移动变形特征及断裂裂缝产生机理

浅埋厚煤层开采过后,覆岩内承载关键层下伏基岩层呈不规则垮落或规则垮落状态。而由于覆盖层物理力学性质低,其将随承载关键层的失稳运动产生移动和变形,当覆盖层内移动变形值超过其塑性变形极限时,即产生采动裂缝[173-176]。本节采用概率积分法[177-179],分析半无限开采条件下浅埋厚煤层开采覆盖层随承载关键层失稳运动而发生的下沉和水平移动,研究浅埋厚煤层开采覆盖层移动变形特征。

采用概率积分法研究覆盖层移动变形的基本假设如下:

(1)将覆盖层看作连续变形介质,无穷多个介质单元的叠加作用形成覆盖层内的移动变形。

(2)假设介质颗粒为一些大小相同、质量均一的小球且被装在大小相同均匀排列的方

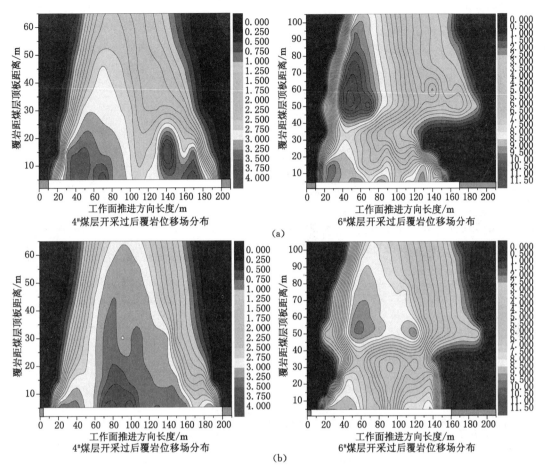

图 5-2　采空区下浅埋厚煤层开采覆岩位移等值线分布特征

（a）承载关键层位于垮落带；（b）承载关键层位于裂缝带

格内。若下方一个方格内小球被移走后，上层两相邻方格小球在重力作用下滚入下一方格的概率相等且为 $1/2$。

（3）每一层介质颗粒在水平方向是均质的，且每一层移动下沉剖面线视为正态分布密度函数。

图 5-3 所示为承载关键层单元下沉引起的覆盖层内任意水平内的移动和变形。

由概率积分法[178]，可得承载关键层下沉单元 $\mathrm{d}x$ 引起的覆盖层内任意水平内的单元下沉 W_e 表达式为：

$$W_e = \frac{1}{r}\mathrm{e}^{-\pi x^2/r^2} \tag{5-1}$$

式中，$r = y\cot\beta$，为主要影响半径，m；y 为覆盖层内任意水平距承载关键层距离，m；β 为覆盖层移动边界角，（°）。

单元水平移动 U_e 表达式为：

$$U_e = \frac{-2\pi bx}{r^2}\mathrm{e}^{-\pi x^2/r^2} \tag{5-2}$$

式中，b 为水平移动参数。

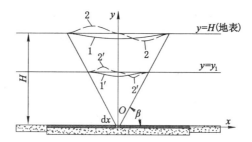

图 5-3　承载关键层单元下沉引起的覆盖层内移动和变形

1，2——$y = H$ 处（地表）单元下沉曲线 $W(x)$ 与单元水平移动曲线 $U(x)$；

$1'，2'$——$y = y_1$ 处单元下沉曲线 $W(x)'$ 与单元水平移动曲线 $U(x)'$

半无限开采时覆盖层内的下沉和水平移动如图 5-4 所示。图 5-4 中存在两套坐标系统，且坐标原点均通过承载关键层回转下沉边界。

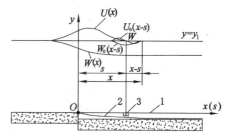

图 5-4　半无限开采时覆盖层内的下沉和水平移动

1——承载关键层原始位置；2——下沉后承载关键层实际位置；3——承载关键层下沉单元

承载关键层单元下沉运动引起 W 点下沉为：

$$W_{\mathrm{e}}(x - s) = \frac{1}{r}\mathrm{e}^{-\pi(x-s)^2/r^2} \tag{5-3}$$

整个半无限承载关键层下沉运动引起 W 点下沉：

$$W_{\mathrm{u}} = \int_0^\infty \frac{1}{r}\mathrm{e}^{-\pi(x-s)^2/r^2}\,\mathrm{d}s \tag{5-4}$$

设承载关键层回转下沉为一条连续的曲线，且可用以下分段函数表示：

$$W(x) = \begin{cases} 0 & x < 0 \\ A\arctan Bx & x \geqslant 0 \end{cases} \tag{5-5}$$

式中，A 为承载关键层下沉系数；B 为承载关键层回转系数。

联立式(5-4)和式(5-5)，并将 $r = y\cot\beta$ 代入整理可得半无限开采条件下覆盖层内任一点下沉表达式：

$$W(x,y) = A\arctan Bx \int_0^\infty \frac{1}{r}\mathrm{e}^{-\pi(x-s)^2/r^2}\,\mathrm{d}s = \frac{A\arctan Bx}{2}\left[\mathrm{erf}(\frac{\sqrt{\pi}}{y\cot\beta}x) + 1\right] \tag{5-6}$$

式中，$\mathrm{erf}(\dfrac{\sqrt{\pi}}{y\cot\beta}x) = \dfrac{2}{\sqrt{\pi}}\displaystyle\int_0^{\frac{\sqrt{\pi}}{y\cot\beta}x} \mathrm{e}^{-u^2}\,\mathrm{d}u$。

x 方向的倾斜为下沉 $W(x,y)$ 对 x 的一阶偏导数：

$$i(x,y) = \frac{\partial W(x,y)}{\partial x} = \frac{AB}{2(1+B^2x^2)}\left[\mathrm{erf}(\frac{\sqrt{\pi}}{y\cot\beta}x) + 1\right] + \frac{A\arctan Bx}{y\cot\beta}\mathrm{e}^{\frac{-\pi x^2}{(y\cot\beta)^2}} \tag{5-7}$$

同下沉推导,半无限开采条件下覆盖层内任一点水平移动表达式:

$$U(x,y) = A\arctan Bx \int_0^\infty U_e(x-s)\mathrm{d}s = bA\arctan Bx\, \mathrm{e}^{\frac{-\pi x^2}{(y\cot\beta)^2}} \tag{5-8}$$

式中,b 为水平移动参数。

水平变形为水平移动 $U(x,y)$ 对 x 的一阶偏导数:

$$\varepsilon(x,y) = \frac{\partial U(x,y)}{\partial x} = \frac{bAB}{1+B^2x^2}\mathrm{e}^{\frac{-\pi x^2}{(y\cot\beta)^2}} - \frac{2\pi bA\arctan Bx}{(y\cot\beta)^2}x\mathrm{e}^{\frac{-\pi x^2}{(y\cot\beta)^2}} \tag{5-9}$$

取承载关键层下沉系数 $A=2.0$,回转系数 $B=0.01$,覆盖层移动边界角 $\beta=45°$,水平移动参数 $b=0.3^{[180-182]}$。根据式(5-6)至式(5-9)计算可得浅埋厚煤层开采覆盖层内移动和变形分布如图 5-5 所示,图中覆盖层厚度为 50 m,承载关键层未发生回转下沉填充为黑色(黑白打印为黑色),承载关键层发生回转下沉未填充,x 轴正方向指向采空区。

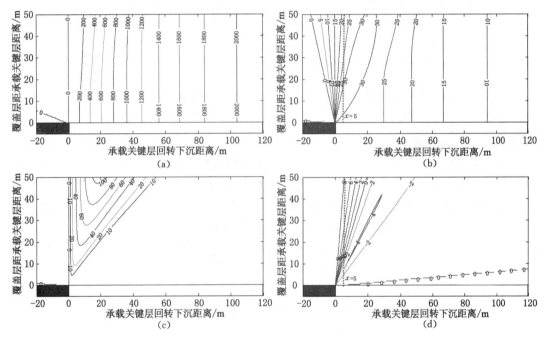

图 5-5　浅埋厚煤层开采覆盖层内移动和变形分布

(a) 覆盖层内下沉分布(mm);(b) 覆盖层内倾斜分布(mm/m);

(c) 覆盖层内水平移动分布(mm);(d) 覆盖层内水平变形分布(mm/m)

由图 5-5 可以看出,浅埋厚煤层开采承载关键层的回转下沉导致覆盖层内介质单元发生下沉和水平移动。覆盖层内介质单元的下沉和倾斜沿剖面基本呈竖向分布且随着承载关键层在采空区内运动的稳定而趋于不变,覆盖层内介质单元的下沉和倾斜导致其产生台阶错动并产生裂缝。覆盖层内介质单元的水平位移和变形沿剖面呈偏漏斗状分布,当覆盖层内水平变形大于介质拉伸变形极限值时,覆盖层内介质发生张裂形成裂缝。总之,承载关键层失稳运动导致覆盖层内介质单元的下沉和水平移动,使得其内部产生直通地表的采动裂缝。

5.2.2　浅埋厚煤层开采承载关键层失稳运动与覆岩动态变形特征

为了分析浅埋厚煤层开采承载关键层的失稳运动对覆盖层内移动变形的影响,研究浅埋厚煤层开采覆盖层内采动裂缝的产生位置、尺寸特征及其张开闭合变化规律与贯通程度变化特征。取图 5-5(b)、(d)中 $x=5$ m 断面,得出承载关键层回转下沉造成覆盖层内不同深度的倾斜和水平变形变化曲线如图 5-6 所示。

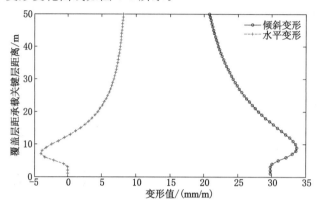

图 5-6　覆盖层内不同深度介质单元倾斜和水平变形变化曲线

由图 5-6 可以看出,浅埋厚煤层开采承载关键层的回转下沉直接导致覆盖层内介质单元发生倾斜和水平变形,并产生采动裂缝。覆盖层内介质单元的倾斜变形自地表向下呈增大趋势,表明承载关键层失稳运动导致覆盖层内产生的裂缝直接贯通地表,且垂直错动量自地表向下逐渐增大。而覆盖层内介质单元的水平变形自地表向下则呈减小趋势,表明覆盖层内产生裂缝的水平张开量自地表向下逐渐减小并趋于闭合。

覆盖层内介质单元的倾斜变形和水平变形程度决定了采动裂缝的竖直错动量和水平张开量的大小,为了分析承载关键层的回转运动对覆盖层内产生的采动裂缝的尺寸参数的影响,依然取图 5-5(b)、(d)中 $x=5$ m 断面变形特征为例进行分析。

首先对式(5-5)承载关键层回转下沉曲线 $W(x)=A\arctan Bx(x\geqslant 0)$ 进行分析。根据反正切函数的图形特征并结合承载关键层的失稳运动规律,承载关键层下沉系数 A 表示承载关键层下沉量的大小,而承载关键层回转系数 B 则表示承载关键层断裂后回转角的大小。图 5-7 所示为在 $x=5$ m 断面覆盖层内介质单元倾斜变形和水平变形随承载关键层下沉系数 A 和承载关键层回转系数 B 的变化特征。

由图 5-7 可以看出,浅埋厚煤层开采覆盖层内介质单元的倾斜变形与水平变形均随承载关键层的下沉和回转的增大而增大,由于覆盖层内采动裂缝的尺寸参数随其内介质单元的变形增大而增大,故浅埋厚煤层开采覆盖层内采动裂缝的尺寸参数受承载关键层回转下沉值的影响。

随着采空区上方承载关键层的运动趋于稳定,覆盖层内介质单元的倾斜和水平变形也将随其运动发生变化。取图 5-5(b)、(d)中 $y=50$ m 断面,得出承载关键层回转下沉造成地表不同位置的倾斜和水平变形变化曲线如图 5-8 所示。

由图 5-8 可以看出,随着煤层的开采,承载关键层发生失稳运动并向采空区一侧远离工作面,其回转下沉逐渐减小,地表处倾斜变形呈先增大后减小并逐渐趋于稳定的变化趋势,而水平变形则呈先减小后增大并逐渐趋于稳定的变化趋势。如图所示,地表倾斜变形在 0~20 m 范围内呈增大趋势,在 20~120 m 范围逐渐减小并趋于稳定,地表水平变形在 0~20 m

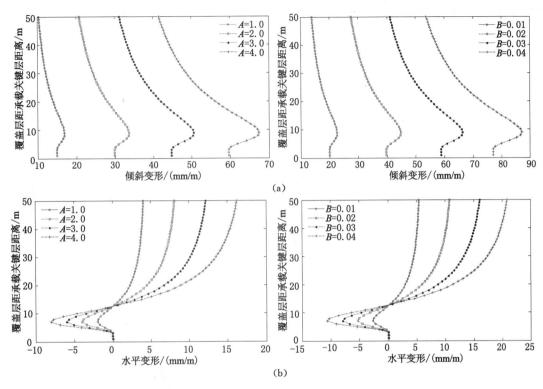

图 5-7 覆盖层内介质单元倾斜和水平变形随系数 A 和 B 的变化特征

（a）倾斜变形；（b）水平变形

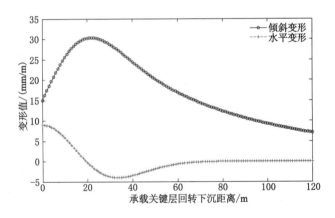

图 5-8 承载关键层回转下沉造成地表不同位置的倾斜和水平变形变化曲线

范围内为正值且逐渐减小,此区域为拉伸变形区,在 20～60 m 范围内为负值且先减小后增大,此区域为压缩变形区,在 60～120 m 范围内水平变形值趋于 0,此区域基本不受采动影响且趋于稳定。以上分析表明随着煤层的开采,地表采动裂缝的竖直错动量将呈现先增大后减小并趋于稳定的变化特征,而地表采动裂缝的水平张开量的变化特征则表现为先增大后减小并逐渐趋于闭合。

为了分析随着煤层的开采,覆盖层内介质单元的倾斜变形和水平变形随承载关键层回转下沉的变化特征,依然取图 5-5(b)、(d)中 $y=50$ m 断面,以地表变形特征为例,得出浅埋厚煤层开采地表倾斜变形和水平变形随承载关键层下沉系数 A 和承载关键层回转系数 B 的变化特征如图 5-9 所示。

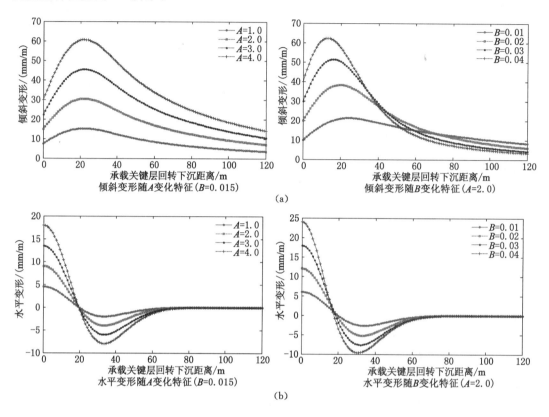

图 5-9　地表倾斜变形和水平变形随系数 A 和 B 的变化特征

（a）倾斜变形；（b）水平变形

由图 5-9 可以看出,浅埋厚煤层开采地表倾斜变形和水平变形的最大值随承载关键层回转下沉量的增大而增大,倾斜变形和水平变形波动范围随承载关键层回转下沉量的增大呈增大趋势,这表明浅埋厚煤层开采地表移动变形影响范围随着承载关键层失稳运动剧烈程度的增大而增大,此范围内地表采动裂缝一般贯通采空区和地表且处于动态发展变化阶段。

5.2.3　浅埋厚煤层开采覆岩断裂裂缝时空演化规律及分区

（1）浅埋厚煤层开采覆岩断裂裂缝竖向分区

根据 3.2.3 节研究内容,浅埋煤层开采承载关键层的破断运动导致其上覆直至地表岩层的失稳运动,产生直通地表的采动裂缝。以承载关键层为界,将浅埋煤层开采覆岩分为两个区域。区域Ⅰ内包含覆岩承载关键层及以上岩层和地表覆盖层,此区域内采动裂缝的产生及动态变化特征受承载关键层破断与失稳运动的影响,具体表现为地表随覆岩承载关键层的周期性破断产生周期性分布的地裂缝。区域Ⅱ内包含煤层直接顶板至承载关键层以下范围内基岩层（下位基岩层）,此区域内岩层随煤层开采发生不规则性或规则性垮落。

因此,与上述覆岩分区相同,以承载关键层为界,浅埋厚煤层开采覆岩断裂裂缝在竖直方向也可分为两个区域(见图 5-10),在区域Ⅰ内,随着承载关键层的回转下沉,覆盖层内介质单元发生移动和变形并产生直通地表的采动裂缝,裂缝形成后将覆盖层划分为与承载关键层破断长度相同的块体,且覆盖层断裂块体间的断裂裂缝继续随承载关键层的失稳运动发生动态性变化,断裂裂缝呈规则性分布状态。在区域Ⅱ内,由于浅埋煤层采高普遍较大,此范围内基岩层发生不规则垮落或规则垮落,覆岩断裂裂缝分布杂乱无章,可以看成散体介质。负压通风条件下,地表空气将依次经过区域Ⅰ和区域Ⅱ而进入工作面造成通风紊乱。

(2) 浅埋厚煤层开采覆岩断裂裂缝横向分区

随着工作面的推进,承载关键层失稳运动具有时空特征,其覆岩断裂裂缝的发育形态亦产生动态变化:工作面前方地表拉伸区内首先产生张开型裂缝,裂缝自地表向下发育且裂缝张开量随工作面的推进增大。工作面继续推进,基岩中承载关键层的破断失稳导致覆岩内产生自下而上发育的断裂裂缝直接贯通地表形成地表贯通型裂缝。地表贯通型裂缝处于工作面采空区上方地表移动盆地压缩变形区内时,裂缝张开量及落差随工作面覆岩运动的稳定呈闭合趋势,在一些区域由于地表压缩变形超过表土的抗压能力极限值,形成闭合型裂缝。

因此,浅埋厚煤层开采过程中覆盖层内断裂裂缝沿工作面推进方向也具有分区特征(见图 5-10)。工作面推进过程中,根据地表采动裂缝的分布形态及其与采空区贯通程度不同,将覆岩采动裂缝分为裂缝产生区、裂缝贯通发展区以及裂缝闭合区。裂缝产生区内地表主要分布未与工作面导通的张开型裂缝,裂缝贯通发展区内地表主要分布与采空区导通的塌陷型裂缝与台阶型裂缝,而裂缝闭合区内主要为闭合型裂缝。

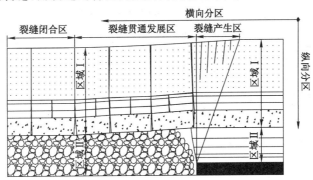

图 5-10　浅埋厚煤层开采覆岩断裂裂缝竖向和横向分区示意图

5.3　浅埋厚煤层开采覆岩断裂裂缝时空演化规律影响因素

天然岩体由完整岩石和不连续面如断层、节理、层面等组成,并且岩体中的不连续面对岩体的力学行为通常起主导作用[183]。离散单元法将岩体视为可变形体的组合,每一个单独的可变形体按照有限差分方法划分单元,采用拉格朗日算法分析单元内的应力分布和变形情况,各个块体通过之间的接触关系建立离散模型,考虑了介质内可能存在大位移、旋转、滑动乃至块体的分离,从而可以较真实地模拟岩体中的不连续面[184,185]。3DEC(3 Dimension Distinct Element Code)基于离散单元法,将离散介质看作连续介质的集合体,以岩块为例,一个岩块为连续体,岩块自身在外力作用下可以表现为连续介质力学行为,岩块与岩块之间通过结构面(非连续体)相互作用,当外力超过结构面的承载极限时,岩块可以表现为相互剪切错动或滑落失稳破坏现象,可以模拟岩块之间相互错动或者滑落分离失稳的过程。因此,3DEC 适用于煤炭开采等几何和物理高度非线性问题,可以模拟煤层开采过程中顶板或岩层的破碎垮塌、节理裂隙的滑移、错动等真实现象[186-188]。

由于浅埋厚煤层开采基岩层破断后呈块体状分布且地表覆盖层物理力学强度低,其介质属性符合离散元计算特点。因此,本节基于串草圪旦煤矿煤岩层地质赋存条件,采用离散元 3DEC 数值模拟,分析浅埋厚煤层开采覆岩失稳运动特征,并提取 3DEC 数值模拟计算结果,通过 suffer 数据网格化处理功能,采用最近邻点法,将数值计算结果进行网格化处理[189-191]。根据图 2-7 所示内容,将浅埋厚煤层开采覆岩层剖面上每一水平内相邻节点的水平位移和垂直位移的差值 Δw 和 Δu,通过 matlab 数据处理功能[192,193]绘制出浅埋厚煤层开采覆岩内采动裂缝的水平张开量及垂直错动量动态分布特征。研究基岩厚度、松散覆盖层厚度、工作面推进速度和地表沟谷地形等对覆岩断裂裂缝时空演化的影响规律以及覆岩结构失稳运动对断裂裂缝贯通度的影响。

5.3.1　数值计算模型的建立与数值模拟方案

以串草圪旦煤矿 4104 工作面地质赋存条件为背景建立计算模型,4104 工作面煤岩层柱状如图 2-8(a)所示。4104 工作面开采 4# 煤层平均埋深 80.7 m,平均厚度 3.5 m。基于 4104 工作面开采为原型,进行简化并加以抽象,建立数值计算模型,分别研究基岩厚度、松散覆盖层厚度、工作面推进速度以及地表沟谷分布与工作面布局的相对关系对覆岩断裂裂缝时空演化的影响规律以及覆岩结构失稳运动对断裂裂缝贯通度的影响。

数值计算模型围岩本构关系采用 Mohr-Coulomb 屈服准则,应力-位移混合边界。模型上表面为地表,不施加应力,模型侧面施加随深度变化的水平压应力。根据煤岩层的实际赋存条件,边界条件分别如下:

(1)应力边界条件:设定侧压系数为 0.1,施加在模型两侧。

(2)位移边界条件:模型侧面边界条件采用滚动支承,即在模型 x 方向限制 x 方向位移,而 y 方向限制 y 方向位移。模型下部边界采用位移边界,限制 z 方向位移。

根据 4104 工作面煤岩层地质赋存情况进行综合分析,取定数值计算模型采用的煤岩层块体及节理的力学参数分别如表 5-1 和表 5-2 所示。

表 5-1 　　　　　　　　　　　　　　　　**煤岩层块体力学参数**

岩石性质	密度 ρ /(kg/m³)	体积模量 K/GPa	剪切模量 G/GPa	黏结力 C/MPa	内摩擦角 φ/(°)	抗拉强度 R_T/MPa
覆盖层	2 300	0.4	0.2	0.5	10	0.32
承载关键层	2 550	11.0	6.8	2.5	32	0.97
基岩层	2 500	8.2	4.4	1.4	37	1.20
煤层	1 400	5.6	2.7	0.8	25	0.55
底板岩层	2 635	13.1	7.7	1.2	28	0.83

表 5-2 煤岩层节理面力学参数

岩石性质	法向刚度 K_{jn}/GPa	切向刚度 K_{js}/GPa	黏结力 C_j/MPa	内摩擦角 φ_j/(°)	抗拉强度 R_{jT}/MPa
覆盖层	0.1	0.1	0	8	0
承载关键层	0.8	0.6	0	15	0
基岩层	0.6	0.4	0	12	0
煤层	0.5	0.3	0	10	0
底板岩层	1.0	0.5	0	18	0

数值计算采用以下方案:

(1) 基岩厚度对覆岩断裂裂缝时空演化规律的影响

选定煤层开采厚度为 4.0 m,覆岩承载关键层厚度为 8.0 m,极限跨厚比为 2,承载关键层以上直至地表岩层为覆盖层,其厚度为 32.0 m,承载关键层下位岩层(包括承载关键层)为基岩层,模拟浅埋厚煤层开采基采比分别为 4,8,12,16(基岩厚度分别为 16.0 m,32.0 m,48.0 m,64.0 m)条件下,覆岩失稳运动及断裂裂缝时空演化规律。

(2) 覆盖层厚度对覆岩断裂裂缝时空演化规律的影响

选定煤层开采厚度为 4.0 m,覆岩承载关键层厚度为 8.0 m,极限跨厚比为 2,基岩层厚度为 50.0 m。模拟浅埋厚煤层开采基载比分别为 0.3,0.6,0.9,1.2(覆盖层厚度分别为 15.0 m,30.0 m,45.0 m,60.0 m)条件下,覆岩失稳运动及断裂裂缝时空演化规律。

(3) 工作面推进速度对覆岩断裂裂缝时空演化规律的影响

选定煤层开采厚度为 6.0 m,覆岩承载关键层厚度为 8.0 m,极限跨厚比为 2,基采比为 10,松散覆盖层厚度为 40.0 m。分别模拟浅埋厚煤层慢速开采和快速开采条件下,覆岩失稳运动及断裂裂缝时空演化规律。

(4) 地表沟谷地形对覆岩断裂裂缝时空演化规律的影响

选定煤层开采厚度为 6 m,覆岩承载关键层厚度为 8 m,极限跨厚比为 2,基采比为 10,松散覆盖层厚度最大为 60 m。分别模拟沟谷坡角为 20°,30°,40°,50°条件下,浅埋厚煤层沟谷区域上坡开采和下坡开采时,覆岩失稳运动及断裂裂缝时空演化规律。

5.3.2 基岩厚度对覆岩断裂裂缝时空演化规律的影响

由于西部煤层埋藏浅、基岩较薄,浅埋厚煤层覆岩垮落带和裂缝带高度与煤层开采参数如工作面采高、开采尺寸等存在较大关系。煤层采高与基岩层的厚度直接决定了承载关键层的回转下沉值[194,195]。因此,本节研究了基采比对浅埋厚煤层开采覆岩失稳运动及断裂裂缝时空演化规律的影响。

当煤层开采厚度为 4.0 m,覆盖层厚度为 32.0 m,覆岩基采比分别为 4,8,12,16 时,浅埋厚煤层开采覆岩失稳运动特征如图 5-11 所示。

由图 5-11 可以看出,浅埋厚煤层开采基岩层中承载关键层的失稳运动直接导致覆岩层中产生直通地表的采动裂缝,且采动裂缝的产生步距与承载关键层失稳破断长度相同。不同基岩厚度条件下,承载关键层的失稳运动形式可分为滑落失稳和回转失稳:当基采比为 4 和 8 时,承载关键层表现为滑落失稳;而当基采比为 12 和 16 时,承载关键层表现为回转失稳。

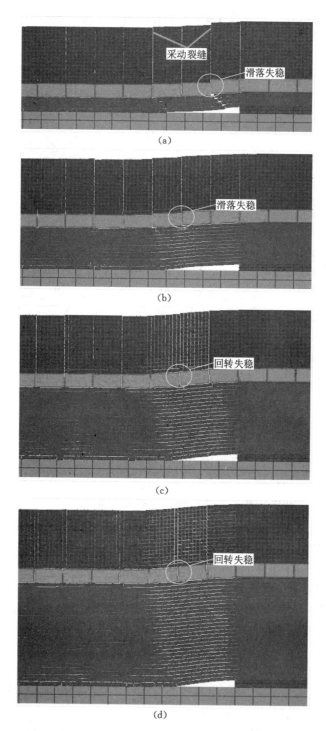

图 5-11 基岩厚度对浅埋厚煤层开采覆岩失稳运动的影响

(a) 基采比为 4；(b) 基采比为 8；(c) 基采比为 12；(d) 基采比为 16

　　浅埋厚煤层充分开采条件下，基岩厚度对覆岩断裂裂缝动态分布及发育特征的影响如图 5-12 所示，图中白化区域为超过图例所示的最大水平张开量和垂直错动量。

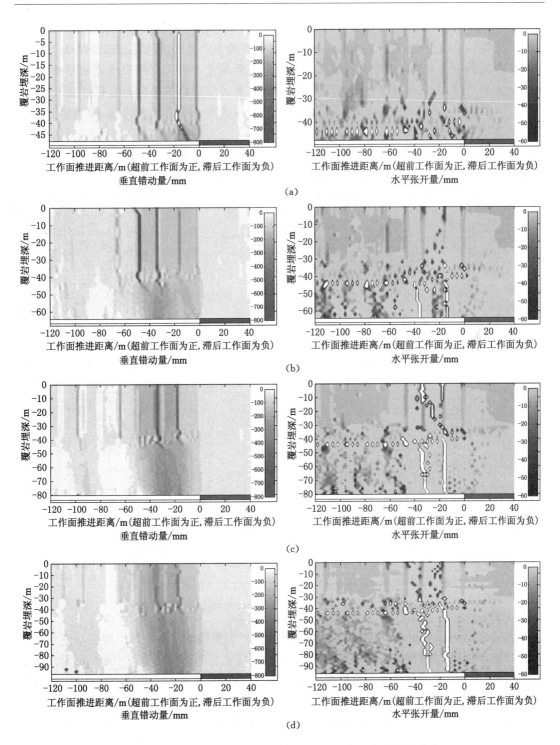

图 5-12　基岩厚度对覆岩断裂裂缝动态分布及发育特征的影响

(a) 基采比为 4；(b) 基采比为 8；(c) 基采比为 12；(d) 基采比为 16

由图 5-12 可以看出，浅埋厚煤层开采基岩层内断裂裂缝随岩块的垮落呈不规则分布，其垂直错动量随着工作面后方垮落岩层的压实作用趋于零，采空区内基岩层断裂裂缝主要表现为水平张开,这为采空区内气体的流通提供了必要条件。覆盖层内断裂裂缝随承载关键层的失稳运动而产生,其产生步距与承载关键层破断步距相同,覆盖层内断裂裂缝尺寸参数随工作面的推进发生动态变化。覆盖层内断裂裂缝的发育形态受基岩厚度的影响,当基采比为 4 和 8 时,承载关键层主要表现为滑落失稳,覆盖层内断裂裂缝垂直错动量较大,而水平张开量较小;当基采比为 12 和 16 时,承载关键层主要表现为回转失稳,覆盖层内断裂裂缝垂直错动量较小,而水平张开量较大。

为了进一步分析采空区覆盖层内裂缝发育形态和贯通程度,图 5-13 所示为不同基岩厚度条件下,浅埋厚煤层开采覆盖层内断裂裂缝水平张开量动态变化特征。

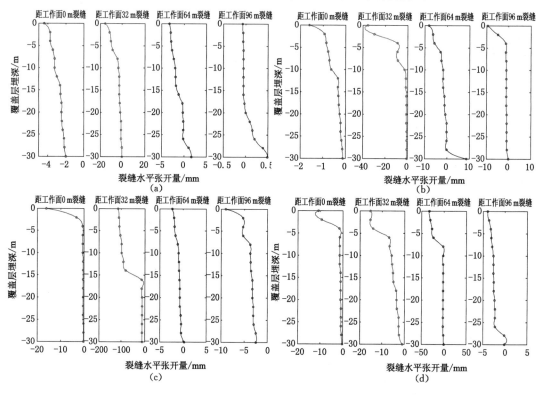

图 5-13　基岩厚度对覆盖层内断裂裂缝水平张开量动态变化的影响
(a) 基采比为 4;(b) 基采比为 8;(c) 基采比为 12;(d) 基采比为 16

由图 5-13 可以看出,浅埋厚煤层开采覆盖层内断裂裂缝随承载关键层的运动失稳自下而上产生,其张开量随覆盖层埋深的减小而增大,裂缝发育形态近似呈漏斗形。随着滞后工作面距离的增大,裂缝整体张开量呈先增大后减小的趋势,并首先在裂缝下部闭合(裂缝水平张开量大于 0)。当基采比分别为 4,8,12,16 时,覆盖层内最大断裂裂缝的平均水平张开量分别为 10.7 mm,13.5 mm,55.6 mm,17.2 mm,裂缝水平张开量受基岩层失稳运动形式的影响。

为了分析覆盖层内断裂裂缝的贯通程度,对覆盖层内每条断裂裂缝进行统计分析,定义裂缝张开长度 D_k 与裂缝总长度 D 之比为裂缝贯通度 ζ,即 $\zeta = D_k/D$。图 5-14 所示为不同基岩厚度条件下覆盖层内断裂裂缝贯通度分布特征。

由图 5-14 可以看出,覆盖层内断裂裂缝贯通度随其距工作面距离的增大而减小。随着基岩厚度的增大,覆盖层内贯通型断裂裂缝分布范围增大,当基采比为 4 和 8 时,采空区后方 48 m 范围内裂缝处于贯通状态,当基采比为 12 和 16 时,采空区后方 96 m 范围内裂缝处于贯通状态。

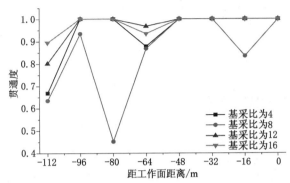

图 5-14 不同基岩厚度条件下覆盖层内断裂裂缝贯通度分布特征

覆盖层内贯通型裂缝的张开量大小对其导气能力的强弱有重要影响,根据图 5-12 和图 5-13,统计分析覆盖层内断裂裂缝垂直错动量和水平张开量,得出图 5-15 所示不同基岩厚度条件下,浅埋厚煤层开采覆盖层内断裂裂缝平均错动量与张开量的动态分布特征。

由图 5-15 可以看出,煤层开采过后,覆岩发生破断垮落并导致承载关键层失稳运动,覆盖层产生断裂裂缝并发生动态变化,覆盖层内断裂裂缝张开量和错动量动态变化特征相似,其值均随承载关键层的失稳运动并趋于稳定而先增大后减小并趋于闭合。对比分析覆盖层裂缝贯通度分布特征,当裂缝张开量较大时,其贯通度为 1,当裂缝张开量变小且趋于闭合时,其贯通度小于 1。

统计分析承载关键层回转下沉值并结合对应位置覆盖层断裂裂缝尺寸特征,得出不同基岩厚度条件下,承载关键层回转角与覆盖层内断裂裂缝平均水平张开量之间的相关关系如图 5-16 所示。

由图 5-16 可以看出,浅埋厚煤层开采覆盖层内断裂裂缝张开量与基岩层内承载关键层回转角呈线性相关关系,裂缝张开量随承载关键层回转角度的增大而增大。当基采比分别为 4、8、12、16 时,承载关键层最大回转角依次为 2.09°、3.06°、5.53°、4.05°。结合上述分析,当基采比为 4 和 8 时,承载关键层失稳运动形式主要表现为滑落失稳,其回转角较小,因此覆盖层内断裂裂缝张开量较小;当基采比为 12 时,承载关键层主要表现为回转失稳,其回转角大,覆盖层内断裂裂缝张开量较大;随着基岩厚度的继续增大,承载关键层回转角变小,覆盖层内断裂裂缝张开量相应减小。

5.3.3 覆盖层厚度对覆岩断裂裂缝时空演化规律的影响

浅埋厚煤层开采地表覆盖层与基岩层物理力学参数相差较大,覆岩的失稳运动造成的断裂裂缝发育形态和尺寸参数具有明显的不同[196,197]。因此,本节研究了基载比对浅埋厚煤层开采覆岩失稳运动及断裂裂缝时空演化规律的影响。

当煤层开采厚度为 4.0 m,基岩层厚度为 50.0 m,覆岩基载比分别为 0.3、0.6、0.9、1.2 时,覆盖层厚度对浅埋厚煤层充分开采覆岩断裂裂缝动态分布及发育特征的影响如图 5-17 所示。统计分析不同覆盖层厚度条件下,浅埋厚煤层开采覆盖层内断裂裂缝平均垂直错动

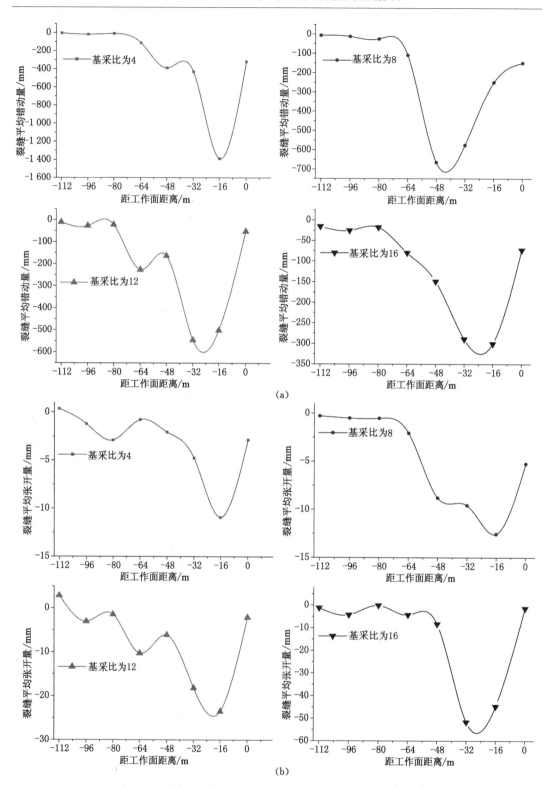

图 5-15　基岩厚度对覆岩断裂裂缝尺寸参数动态分布特征的影响

（a）垂直错动量；（b）水平张开量

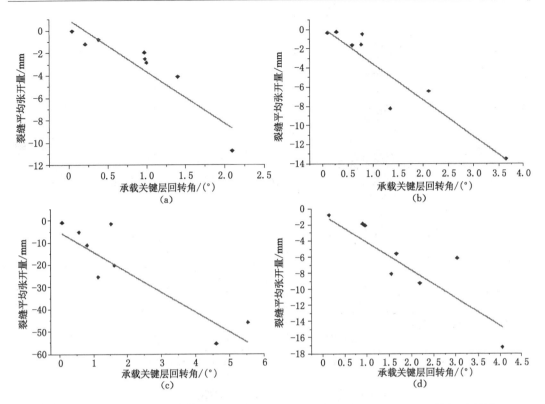

图 5-16 承载关键层回转角与覆盖层内断裂裂缝平均水平张开量相关关系(不同基岩厚度)
(a) 覆岩基采比为 4;(b) 覆岩基采比为 8;(c) 覆岩基采比为 12;(d) 覆岩基采比为 16

量与水平张开量的动态分布特征如图 5-18 所示。

由图 5-17 和图 5-18 可以看出,随着覆岩基载比的增大,覆盖层内断裂裂缝垂直错动量和水平张开量均呈减小趋势,这是由于覆盖层物理力学强度低,断裂裂缝向上发展时,其尺寸参数随覆盖层厚度的增大而减小。

5.3.4 工作面推进速度对覆岩断裂裂缝时空演化规律的影响

近年来,浅埋厚煤层开采工作面的快速推进导致了浅埋煤层的高强度开采,形成了大开采空间及其快速扩大的开采条件[198,199]。因此,本节研究了工作面推进速度对浅埋厚煤层开采覆岩失稳运动及断裂裂缝时空演化规律的影响。

当煤层开采厚度为 6.0 m,基岩层厚度为 60.0 m,覆盖层厚度为 40.0 m,工作面慢速推进和快速推进条件下,浅埋厚煤层开采覆岩失稳运动特征如图 5-19 所示。工作面推进速度对覆岩断裂裂缝动态分布及发育特征的影响如图 5-20 所示。

由图 5-19 和图 5-20 可以看出,随着工作面推进速度的加快,覆岩发生失稳运动的范围增大,使得相邻承载关键层破断岩块间回转角相对变小,覆盖层内断裂裂缝垂直错动量和水平张开量均出现不同程度的减小。

不同推进速度条件下,浅埋厚煤层开采覆盖层内断裂裂缝平均水平张开量与垂直错动量的动态分布特征如图 5-21 所示。

由图 5-21 可以看出,工作面快速推进条件下,覆盖层内断裂裂缝最大错动量和张开量出现位置距工作面的距离大于慢速推进条件下。这表明随着开采速度的加快,工作面覆岩

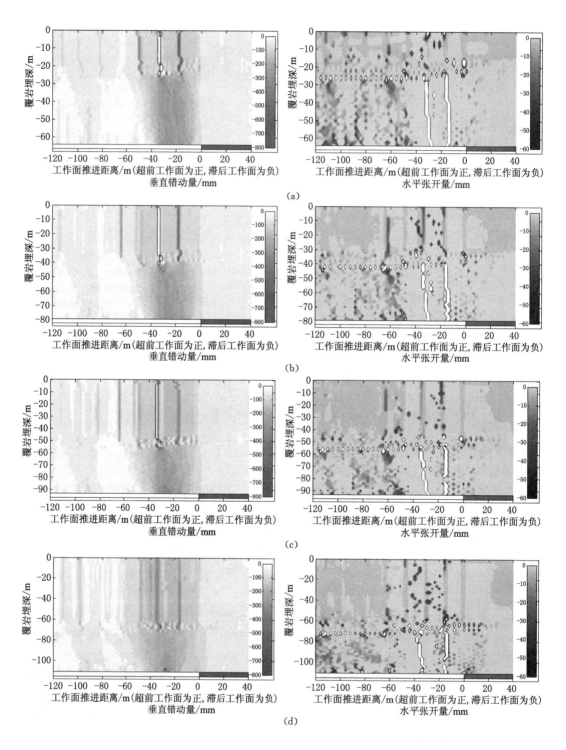

图 5-17 覆盖层厚度对覆岩断裂裂缝动态分布及发育特征的影响

(a) 基载比为 0.3;(b) 基载比为 0.6;(c) 基载比为 0.9;(d) 基载比为 1.2

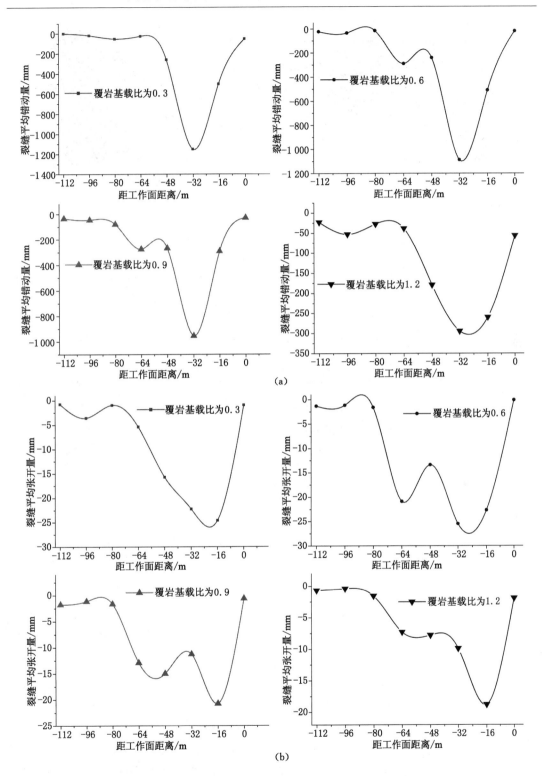

图 5-18 覆盖层厚度对覆岩断裂裂缝尺寸参数动态分布特征的影响

(a) 垂直错动量；(b) 水平张开量

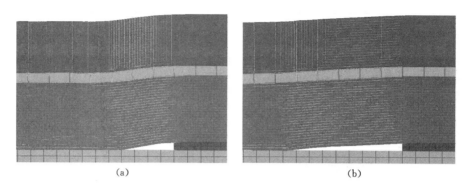

图 5-19 工作面推进速度对浅埋厚煤层开采覆岩失稳运动的影响

（a）慢速推进；（b）快速推进

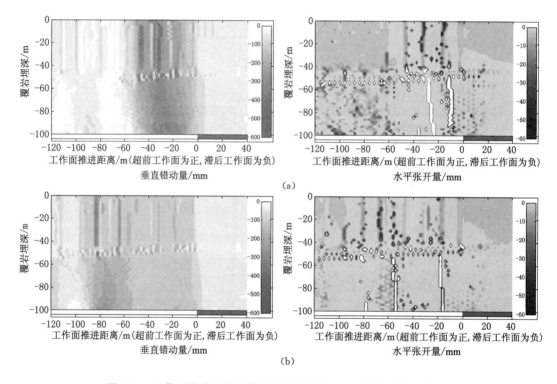

图 5-20 工作面推进速度对覆岩断裂裂缝动态分布及发育特征的影响

（a）慢速推进；（b）快速推进

尺寸较大裂缝在离工作面更远处产生，由于裂缝的尺寸参数尤其是张开量大小决定裂缝的导气能力，故加快工作面推进速度，有助于对覆岩导气裂缝的导气能力的控制。

5.3.5 地表沟谷地形对覆岩断裂裂缝时空演化规律的影响

西部浅埋厚煤层开采区域内普遍为侵蚀性黄土高原地貌，地形起伏较大，沟谷纵横，植被稀少，煤炭资源的开采造成了严重的地表破坏，形成大量地表采动裂缝。在地表沟谷地形以及煤层开采的双重影响下，浅埋厚煤层开采覆岩断裂裂缝的发育规律与分布特征具有显著的不同[200-202]。因此，本节研究了地表沟谷分布与工作面布局的相对关系对覆岩断裂裂缝时空演化的影响规律。

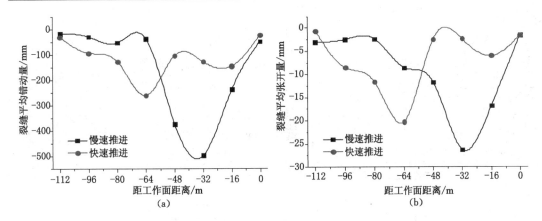

图 5-21　工作面推进速度对覆岩断裂裂缝尺寸参数动态分布特征的影响

(a) 垂直错动量；(b) 水平张开量

当煤层开采厚度为 6.0 m，基岩层厚度为 60.0 m，覆盖层最大厚度为 60.0 m，地表沟谷坡角分别为 20°，30°，40°，50°时，浅埋厚煤层下坡开采阶段覆岩断裂裂缝动态分布及发育特征见图 5-22。

由图 5-22 可以看出，工作面下坡开采阶段，地表坡体内产生随工作面推进发生动态变化的断裂裂缝，滞后工作面 0～60 m 范围内覆盖层断裂裂缝均贯通地表与采空区，此范围为裂缝贯通发展区。下坡开采阶段，覆盖层内断裂裂缝分布间距与承载关键层破断步距相同，其垂直错动量基本不随坡体坡角的变化而变化。覆盖层断裂裂缝水平张开量自地表向下至承载关键层呈增大趋势，其发育形态呈倒漏斗形，且随着坡体坡角的增大，覆盖层内断裂裂缝水平张开量呈减小趋势，这是由于地表坡体沿工作面推进方向发生滑移，导致断裂裂缝首先在地表处发生闭合，且随着坡角的增大，坡体沿工作面推进方向滑移程度越大。

图 5-23 为工作面下坡开采阶段覆盖层内主要断裂裂缝平均张开量及贯通度分布特征，其中 1# 裂缝距工作面最近，3# 裂缝距工作面最远。

由图 5-23 可以看出，工作面下坡开采阶段，覆盖层内裂缝张开量随其距工作面距离的增大而减小，且随着坡体坡角的增大，裂缝张开量呈减小趋势。不同坡角情况下，覆盖层内裂缝贯通度一般在 0.67～0.93 之间，且普遍小于 1，这表明下坡开采阶段，覆岩断裂裂缝在部分区域处于闭合状态，导气能力受到抑制。

浅埋厚煤层上坡开采阶段覆岩断裂裂缝动态分布及发育特征见图 5-24。不同坡体坡角下覆盖层内最大断裂裂缝平均垂直错动量与水平张开量分布见图 5-25。

由图 5-24 和图 5-25 可以看出，工作面上坡开采阶段，由于地表坡体沿工作面采空区方向发生滑移，覆盖层内断裂裂缝垂直错动量与水平张开量明显大于下坡开采阶段。随着地表坡体坡角的增大，覆盖层内断裂裂缝垂直错动量呈增大趋势，这是承载关键层所受载荷的增大，引起其破断块体下沉值增大而回转角减小导致的。因此，随着地表坡体坡角的增大，覆盖层内断裂裂缝水平张开量呈减小趋势。另外，覆盖层断裂裂缝水平张开量自地表向下至承载关键层呈减小趋势，其发育形态呈漏斗形，这也是地表坡体沿工作面采空区方向发生滑移导致的。

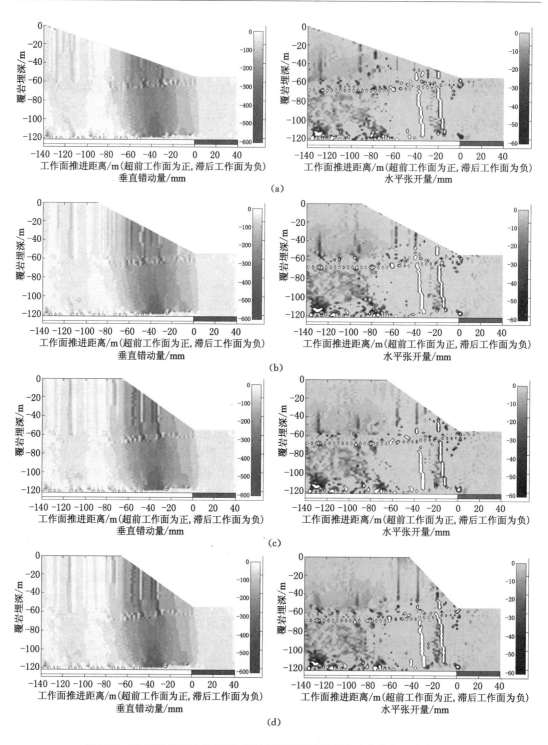

图 5-22 浅埋厚煤层沟谷区域下坡开采覆岩断裂裂缝动态分布及发育特征

（a）坡体坡角为 20°；（b）坡体坡角为 30°；（c）坡体坡角为 40°；（d）坡体坡角为 50°

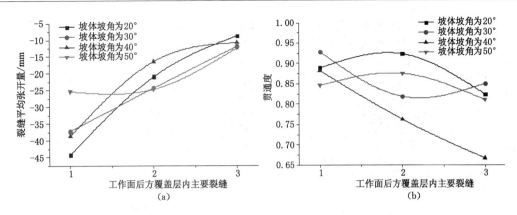

图 5-23　工作面下坡开采覆盖层断裂裂缝张开量及贯通度

(a) 裂缝张开量; (b) 裂缝贯通度

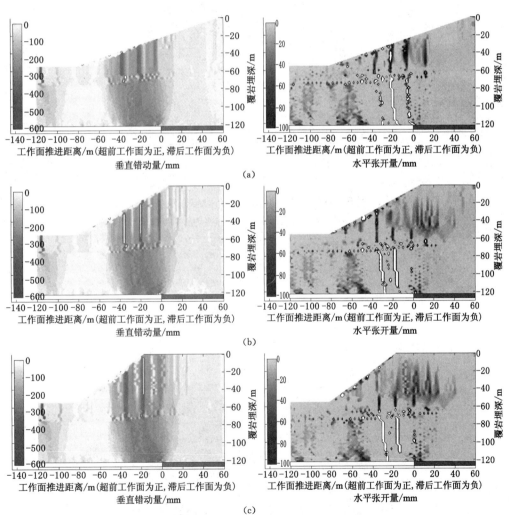

图 5-24　浅埋厚煤层沟谷区域上坡开采覆岩断裂裂缝动态分布及发育特征

(a) 坡体坡角为 20°; (b) 坡体坡角为 30°; (c) 坡体坡角为 40°

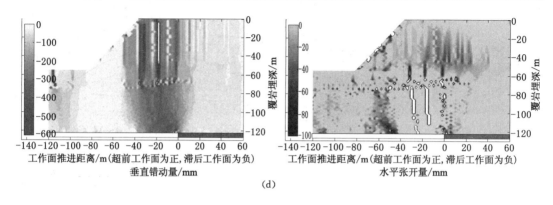

续图 5-24　浅埋厚煤层沟谷区域上坡开采覆岩断裂裂缝动态分布及发育特征
(d) 坡体坡角为 50°

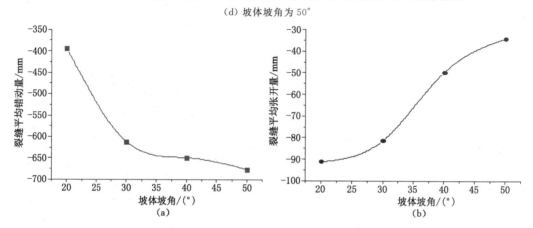

图 5-25　工作面上坡开采阶段坡体坡角对裂缝发育尺寸的影响

(a) 裂缝平均垂直错动量；(b) 裂缝平均水平张开量

6　浅埋厚煤层开采覆岩导气裂缝形成机理及时空演化规律

浅埋厚煤层高强度开采,导致井下开采活动对地表的影响更加敏感和剧烈,覆岩采动裂缝直通地表,造成大范围的地表裂缝向采空区漏风。根据上述关于浅埋厚煤层开采覆岩断裂裂缝竖向分区特征以及覆岩断裂裂缝时空分布规律,承载关键层上方覆岩内断裂裂缝直接连通地表与工作面采空区下部(岩层发生不规则或规则垮落,断裂裂缝分布杂乱无章),地表空气在负压通风条件下进入工作面采空区下部。此范围内断裂裂缝产生步距与覆岩承载关键层破断长度相近,呈规则性分布状态,且裂缝随承载关键层的失稳运动发生动态性变化。因此,承载关键层上方直至地表的采动裂缝是引起地表空气进入采空区的主要通道,对裂缝内空气的流动起控制作用。

本章依据浅埋厚煤层开采覆岩采动裂缝的时空分布特征,考虑矿井负压通风的影响,分析裂缝尺寸参数、贯通程度、地表覆盖层性质与基岩层岩性以及裂缝所处应力环境等对裂缝导气特征的影响。采用气体动力学及流体力学相关理论,建立覆岩采动裂缝内流体力学计算模型,分析浅埋厚煤层开采覆岩导气裂缝的导气机理及导气特征,确定覆岩导气裂缝的分布特征、导气条件、导气裂缝产生的机理。通过现场实测,分析典型工作面地表采动裂缝漏风特征,评价不同采动裂缝的导气性能,得出覆岩导气裂缝在工作面推进方向的时空分布规律,建立覆岩导气裂缝的演化模型,确定覆岩导气通道的空间分布形态以及导气通道产生的控制因素。

6.1　浅埋厚煤层开采覆岩导气裂缝形成条件及其影响因素

浅埋厚煤层开采覆岩断裂裂缝导气的必要条件包括裂缝两端存在压差和断裂裂缝形成漏风通道。裂缝两端压差随地表大气压力及井下通风压力的变化而变化,漏风通道的风阻随断裂裂缝尺寸参数及其贯通程度的变化而变化,两者均对覆岩导气裂缝的形成及导气裂缝漏风量的大小起决定作用。

6.1.1　矿井负压通风对覆岩断裂裂缝导气特征的影响

由于我国生产矿井多采用负压通风,导致地表空气与井下工作面存在压力差,是浅埋厚煤层开采覆岩导气裂缝形成的必要条件。由于采空区内气压要与外界保持平衡,因此当地表大气压力大于工作面压力时,渗入到采空区内新鲜空气的速度也会随之增加,而采空区内浑浊气体也会随着风流进入工作面区域,威胁工作面的安全生产。

为了分析工作面负压通风对采空区地表漏风强度的影响,采用 DYM3 型空盒气压表(图 6-1),以 5 d 为一个观测周期,分别实测串草圪旦煤矿 6104 工作面地表大气压力 p_d 与回风上隅角处压力 p_j 以及工作面漏风量 Q_1,取煤层平均埋深 $h=120$ m,常温下空气密度为 $\rho=$

$1.2\ \mathrm{kg/m^3}$，则根据式(6-1)可以计算得出 6104 工作面井上下总压力差 Δp。

$$\Delta p = p_\mathrm{d} + \rho g h - p_\mathrm{j} \tag{6-1}$$

6104 工作面井上下总压力差与漏风强度曲线如图 6-2 所示。由图 6-2 可以看出，观测期间 6104 工作面井上下平均总压力差为 1 081 Pa，平均漏风强度为 3.51 m³/s。工作面漏风强度与工作面井上下总压力差呈正相关关系，漏风强度随工作面井上下总压力差的增大而增大。

图 6-1　DYM3 型空盒气压表

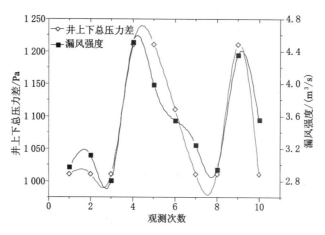

图 6-2　6104 工作面井上下总压力差与漏风强度

6.1.2　覆岩断裂裂缝尺寸参数对其导气特征的影响

根据上述研究结果，浅埋厚煤层开采覆岩断裂裂缝在工作面推进方向分为裂缝产生区、裂缝贯通发展区及裂缝闭合区。裂缝产生区内覆岩断裂裂缝自上而下发育且未贯通工作面采空区，不具备导气能力。裂缝贯通发展区内覆岩断裂裂缝自下而上贯通采空区与地表，具备导气能力，且其尺寸参数影响导气裂缝内空气流动阻力。裂缝闭合区内覆岩断裂裂缝区域闭合，其导气能力减小甚至不导气。图 6-3 所示为浅埋厚煤层开采覆岩断裂裂缝时空分布以及裂缝贯通发展区内断裂裂缝简化处理后的发育形态与尺寸参数。

如图 6-3 所示，覆岩断裂裂缝上部张开量为 D_1，下部张开量为 D_2，裂缝长度为 L，设裂缝倾斜角 α 为裂缝上下两端张开量差值与裂缝长度比值的反正切值，即：

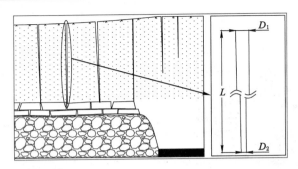

图 6-3 覆岩断裂裂缝时空分布及其发育形态与尺寸参数

$$\alpha = \arctan(\frac{D_1 - D_2}{L}) \tag{6-2}$$

由式(6-2)可以看出,裂缝倾斜角 α 反映覆岩贯通型断裂裂缝张开量自上而下的变化程度。

另外,其他地质赋存条件如覆盖层性质、基岩岩性及水文地质条件等,也对覆岩断裂裂缝的导气能力产生影响。当地表为沙土型覆盖层时,覆岩断裂裂缝可能会部分被沙土充填,从而增加裂缝内的气体流动阻力。而当覆岩内存在松软泥岩层,或岩层遇水泥化时,则会封堵采动裂缝,也会增大裂缝内气体流动阻力,影响其导气性能。

6.2 浅埋厚煤层开采覆岩导气裂缝导气机理及导气特征

本节在覆岩断裂裂缝发育形态及其尺寸参数简化的基础上,采用流体力学相关知识[203-205],建立了基于纳维-斯托克斯方程(Navier-Stokes Equation)的平行平板间裂缝空气流动与变宽度裂缝空气流动方程,分析了浅埋厚煤层开采覆岩导气裂缝的形成机理、导气特征及其影响因素等。

纳维-斯托克斯方程是描述黏性不可压缩流体动量守恒的运动方程,简称 N-S 方程,它反映了黏性流体流动的基本力学规律,在流体力学中有十分重要的意义[206]。N-S 方程基于以下 3 个假设:① 流体是连续的,即满足质量守恒方程;② 流体中所涉及的场如压强 p,速度 u,密度 ρ,温度 T 等都是可微的;③ 满足能量守恒定律。

6.2.1 平行平板裂缝空气流动及其导气特征

将覆岩导气裂缝简化为竖直放置的平行平板[如图 6-4(a)所示],设平行平板长为 L,宽为 B,缝隙宽度为 D。取 a—a 截面分析平行平板内流体运动受力特征如图 6-4(b)所示。

应用 N-S 方程分析覆岩断裂裂缝平行平板间流体运动,且裂缝内气体流动满足以下假设:

(1)假定流体为黏性流体,黏性力处于主导地位,惯性力可忽略不计,则 $\dfrac{du_x}{dt} = \dfrac{du_y}{dt} = \dfrac{du_z}{dt} = 0$;

(2)假定流动为一维流动,则 $f_y = f_z = 0$,$f_x = g$,且 $u_y = u_z = 0$,$u_x = u$;

(3)假定流体为不可压缩流体,则 $\dfrac{\partial u_x}{\partial x} + \dfrac{\partial u_y}{\partial y} + \dfrac{\partial u_z}{\partial z} = 0$。

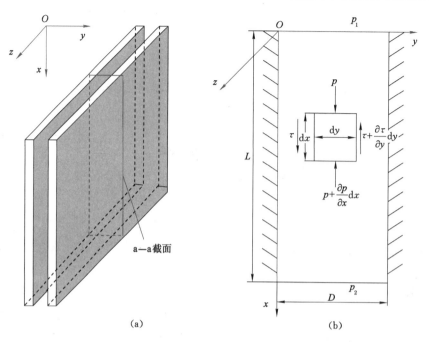

图 6-4　平行平板裂缝及流体流动受力分析

（a）平行平板裂缝；（b）流体流动受力分析

在上述条件下，又因为 $u_y = u_z = 0$，则 $\dfrac{\partial u}{\partial x} = 0 \Rightarrow \dfrac{\partial^2 u}{\partial x^2} = 0$，则常黏度条件下不可压缩流体的 N-S 方程可简化为如下形式：

$$\begin{cases} g - \dfrac{1}{\rho}\dfrac{\partial p}{\partial x} + \mu\left(\dfrac{\partial^2 u}{\partial y^2} + \dfrac{\partial^2 u}{\partial z^2}\right) = 0 \\[2mm] \dfrac{\partial p}{\partial y} = 0 \\[2mm] \dfrac{\partial p}{\partial z} = 0 \end{cases} \tag{6-3}$$

由式（6-3）知，压力 p 仅为 x 的函数，与 y 和 z 无关，即 $\dfrac{\partial p}{\partial x} = \dfrac{\mathrm{d}p}{\mathrm{d}x}$；另外，对平行平面，单位长度上的压力损失是相同的，即 $\dfrac{\mathrm{d}p}{\mathrm{d}x} = \dfrac{\Delta p}{L}$（$\Delta p = p_2 - p_1$）；且对充分宽的平行平面，任意宽度坐标 z 处的流动状态都是相同的，即 $\dfrac{\partial u}{\partial z} = 0$。根据以上分析，式（6-3）等价为：

$$\frac{\mathrm{d}^2 u}{\mathrm{d}y^2} = \frac{\Delta p}{\mu L} - \frac{\rho g}{\mu} \tag{6-4}$$

对上式积分，可得平行平板间裂缝流体流速分布：

$$u = \frac{1}{2\mu}\left(\frac{\Delta p}{L} - \rho g\right)y^2 + c_1 y + c_2 \tag{6-5}$$

积分常数 c_1 和 c_2 由边界条件决定。

覆岩裂缝内空气在图 6-4（b）所示裂缝两端总压力差 $\Delta p = p_2 - p_1$ 的作用下沿 x 方向流动。由边界条件 $y = 0, u = 0$；$y = D, u = 0$，可以得到式（6-5）的积分常数：

$$c_1 = -\frac{1}{2\mu}\left(\frac{\Delta p}{L} - \rho g\right)D, c_2 = 0$$

将积分常数带入式(6-5)得到平行裂缝间速度分布：

$$u = \frac{1}{2\mu}\left(\rho g - \frac{\Delta p}{L}\right)(Dy - y^2)(y > 0) \tag{6-6}$$

由式(6-6)可以看出，在 Δp 的作用下，速度 u 与 y 之间符合二次抛物线规律。

裂缝宽度为 B 时，平行平面间的流量为：

$$q = \int_A u\,\mathrm{d}A = B\int_0^d \frac{1}{2\mu}\left(\rho g - \frac{\Delta p}{L}\right)(Dy - y^2)\mathrm{d}y = \frac{BD^3}{12L\mu}(\rho gL - \Delta p) \tag{6-7}$$

式中　q——平行裂缝间空气流量，$\mathrm{m^3/s}$；

　　　B——平行裂缝沿工作面面长方向平均宽度（由工作面面长决定），m；

　　　d——平行裂缝平均宽度（即裂缝平均张开量），m；

　　　l——平行裂缝长度，m；

　　　ρ——空气的密度，$\mathrm{kg/m^3}$；

　　　g——重力加速度，$\mathrm{m/s^2}$；

　　　μ——空气的动力黏度，$\mathrm{Pa \cdot s}$。

裂缝断面上的平均流速 $\bar{u}$ 为：

$$\bar{u} = \frac{q}{A} = \frac{q}{BD} = \frac{D^2}{12L\mu}(\rho gL - \Delta p) \tag{6-8}$$

式(6-7)和式(6-8)中 $\rho gL - \Delta p = p_1 + \rho gL - p_2$，对比式(6-1)可知此项为裂缝两端总压力差，记为 Δp。则式(6-7)和式(6-8)可表示为：

$$q = \frac{BD^3}{12L\mu}\Delta p \tag{6-9}$$

$$\bar{u} = \frac{D^2}{12L\mu}\Delta p \tag{6-10}$$

相比于光滑平板缝的流动，覆岩断裂裂缝起伏粗糙的表面会增大空气流动的阻力，且裂缝出现接触区域也会增大气体流动的阻力。因此，根据水力等效裂缝宽度[207-210]的概念，引入等效导气缝宽 D'，根据相关研究[220,221]，设：

$$D' = D^2/JRC^{2.5} \tag{6-11}$$

式中，D' 与 D 单位均为 m；JRC 为裂缝面粗糙度系数[211]，取 0~10。

因此，覆岩断裂裂缝断面上的平均流速 $\bar{u}$ 可表示为：

$$\bar{u} = \frac{D^4}{12L\mu \cdot JRC^5}\Delta p \tag{6-12}$$

由式(6-12)可以看出，覆岩导气裂缝漏风流速受裂缝两端总压力差 Δp、裂缝平均宽度 D、裂缝长度 L、空气动力黏度 μ 及裂缝面粗糙度系数 JRC 的影响。取空气动力黏度 $\mu = 1.8 \times 10^{-5}\,\mathrm{Pa \cdot s}$，$JRC = 10$，根据式(6-12)得出覆岩导气裂缝内空气平均流速 $\bar{u}$ 随裂缝尺寸参数及裂缝两端总压力差的变化特征如图 6-5 所示。

由式(6-12)并结合覆岩断裂裂缝实际尺寸参数，可得出覆岩导气裂缝间空气流量为：

$$q = \frac{BD^5}{12L\mu \cdot JRC^5}\Delta p \tag{6-13}$$

由式(6-13)可以看出，覆岩导气裂缝漏风量受裂缝两端总压力差 Δp、裂缝沿工作面面

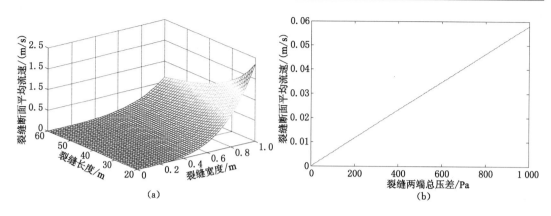

(a)

(b)

图 6-5 覆岩导气裂缝内空气平均流速 $\bar{u}$ 随裂缝尺寸参数及裂缝两端总压力差的变化

(a) $\bar{u}$ 随 D 及 L 的变化($\Delta p = 800$ Pa);(b) $\bar{u}$ 随 Δp 变化($D=0.5$ m,$L=50$ m)

长方向宽度 B、裂缝平均宽度 D、裂缝长度 L、空气动力黏度 μ 以及裂缝面粗糙度系数 JRC 的影响。取空气动力黏度 $\mu = 1.8 \times 10^{-5}$ Pa·s,$JRC = 10$,根据式(6-13),同样可以得出覆岩导气裂缝漏风流量随裂缝尺寸参数的变化特征如图 6-6 所示。

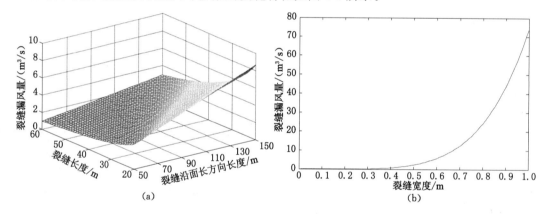

(a)

(b)

图 6-6 覆岩导气裂缝漏风流量 q 随裂缝尺寸参数的变化特征

(a) q 随 B 及 L 的变化($\Delta p = 800$ Pa,$D=0.5$ m);(b) q 随 D 变化($\Delta p = 800$ Pa,$B=100$,$L=50$ m)

6.2.2 变宽度裂缝空气流动及其导气特征

根据图 6-3 所示,覆岩断裂裂缝一般呈变宽度,且由地表向下裂缝宽度逐渐减小。因此,应研究变宽度条件下裂缝内空气流动特征。建立变宽度平板间裂缝流动模型如图 6-7 所示。

如图 6-7 所示,两平板不平行且倾斜角呈 α,即裂缝宽度 D 随着 x 变化。由于现场覆岩断裂裂缝长度 L 较长,故倾斜角 α 一般都比较小。应用研究平行平板间裂缝流动的方法,根据式(6-5)亦可以得出:

$$u = \frac{1}{2\mu}(\rho g - \frac{\mathrm{d}p}{\mathrm{d}x})(\mathrm{d}y - y^2) \tag{6-14}$$

在式(6-14)中,由于在倾斜平板裂缝中沿流动方向的压强变化率 $\dfrac{\mathrm{d}p}{\mathrm{d}x}$ 不是常数,$\dfrac{\mathrm{d}p}{\mathrm{d}x}$ 不

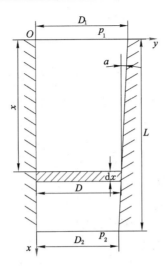

图 6-7　变宽度平板裂缝及流体流动受力分析

能用 $-\dfrac{\Delta p}{L}$ 表示。

若平板宽度为 B，则流过平板的体积流量为：

$$q = \int_0^D u\,\mathrm{d}A = B\int_0^D \frac{1}{2\mu}\left(\rho g - \frac{\mathrm{d}p}{\mathrm{d}x}\right)(\mathrm{d}y - y^2)\mathrm{d}y = \frac{BD^3}{12\mu}\left(\rho g - \frac{\mathrm{d}p}{\mathrm{d}x}\right) \tag{6-15}$$

即：

$$\frac{\mathrm{d}p}{\mathrm{d}x} = \rho g - \frac{12\mu q}{BD^3}$$

又 $D = D_1 - x\tan\alpha$，代入上式并整理得：

$$\mathrm{d}p = \left[\rho g - \frac{12\mu q}{B\,(D_1 - x\tan\alpha)^3}\right]\mathrm{d}x \tag{6-16}$$

上式积分得：

$$p = \int\left[\rho g - \frac{12\mu q}{B\,(D_1 - x\tan\alpha)^3}\right]\mathrm{d}x = \rho gx + \frac{6\mu q}{B\tan\alpha}\frac{1}{(D_1 - x\tan\alpha)^2} + c \tag{6-17}$$

由边界条件 $x = 0(D = D_1)$ 时，$p = p_1$，得式(6-17)的积分常数：

$$c = p_1 - \frac{6\mu q}{B\tan\alpha}\left(\frac{1}{D_1^2}\right) \tag{6-18}$$

将 c 以及 $D = D_1 - x\tan\alpha$ 代入式(6-17)，得：

$$p = p_1 + \rho g\frac{D_1 - D}{\tan a} - \frac{6\mu q}{B\tan\alpha}\left(\frac{1}{D_1^2} - \frac{1}{D^2}\right) \tag{6-19}$$

由图 6-7 可见，当 $x = L$ 时，$D = D_2$，$p = p_2$，并有 $D_2 = D_1 - L\tan\alpha$，将以上条件代入式(6-19)得：

$$\Delta p = p_2 - p_1 = \rho gL - \frac{6\mu q}{B\tan\alpha}\left(\frac{1}{D_1^2} - \frac{1}{D_2^2}\right) \tag{6-20}$$

由式(6-20)可求得流量：

$$q = \frac{(\rho gL - \Delta p)B}{6\mu L}\frac{(D_1 D_2)^2}{(D_1 + D_2)} \tag{6-21}$$

记 $\Delta p' = \rho g L - \Delta p$，并根据式(6-8)和式(6-11)，得出覆岩裂缝下端 D_2 处断面平均流速 $\overline{u}'$：

$$\overline{u}' = \frac{\Delta p'}{6\mu L} \frac{D_1^4 D_2^2}{JRC^5(D_1^2 + D_2^2)} \tag{6-22}$$

由式(6-22)并结合覆岩断裂裂缝实际尺寸参数，可得出覆岩导气裂缝下端 D_2 处空气流量为：

$$q' = \frac{B\Delta p'}{6\mu L} \frac{D_1^4 D_2^3}{JRC^5(D_1^2 + D_2^2)} \tag{6-23}$$

由式(6-22)和式(6-23)可以看出，当 $D_1 = D_2$ 时，上述两式与式(6-12)和式(6-13)所示平行裂缝间流速与流量公式相同。

取空气动力黏度 $\mu = 1.8 \times 10^{-5}$ Pa·s，$JRC = 10$，根据式(6-22)得出覆岩导气裂缝下端 D_2 处空气平均流速 $\overline{u}'$ 随 $\Delta p'$、L 以及 D_1、D_2 的变化特征如图6-8所示。

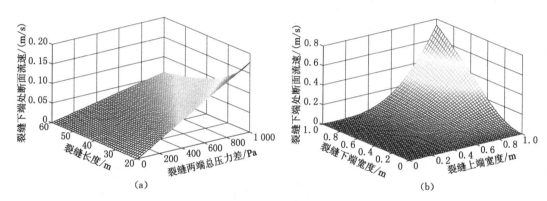

图6-8 覆岩导气裂缝下端 D_2 处空气平均流速 $\overline{u}'$ 随 $\Delta p'$、L 以及 D_1、D_2 的变化特征

(a) $\overline{u}'$ 随 $\Delta p'$ 及 L 的变化($D_1 = 1.0$ m，$D_2 = 0.2$ m)；(b) $\overline{u}'$ 随 D_1 及 D_2 的变化($\Delta p' = 800$ Pa，$L = 50$ m)

取空气动力黏度 $\mu = 1.8 \times 10^{-5}$ Pa·s，$JRC = 10$，$\Delta p' = 800$ Pa，根据式(6-23)，同样可以得出覆岩导气裂缝下端漏风流量随裂缝尺寸参数的变化特征如图6-9所示。

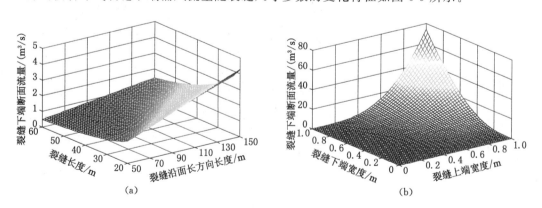

图6-9 覆岩导气裂缝漏风流量 q' 随裂缝尺寸参数的变化特征

(a) q' 随 B 及 L 的变化($D_1 = 1.0$ m，$D_2 = 0.2$ m)；(b) q' 随 D_1 及 D_2 的变化($B = 100$ m，$L = 50$ m)

6.3　浅埋厚煤层开采覆岩导气裂缝时空演化规律

本节采用 SF_6 示踪技术[212,213]，对串草圪旦煤矿 6104 工作面地表采动裂缝漏风特征进行了实测分析，得出了工作面地表裂缝向采空区漏风强度的变化特征，对工作面地表采动裂缝等效导气缝宽分布规律进行了分析，得出了工作面地表裂缝的导气能力的分区。根据现场观测以及上述理论分析结果，得出了浅埋厚煤层开采覆岩导气裂缝的时空分布特征。

6.3.1　试验工作面地表采动裂缝导气性实测

串草圪旦煤矿 6104 工作面采空区塌陷引起地表沉陷和采动裂缝，在矿井负压通风下，新鲜风流有可能通过裂缝和塌陷区域流入采空区并进入工作面，造成工作面地表漏风。为研究地表采动裂缝导气性，通过 SF_6 示踪气体实测 6104 工作面采空区地表漏风情况，进而分析地表漏风通道的分布。SF_6 气体作为一种示踪剂[214]，性能稳定，不溶于水，无毒，灵敏度高，能随地表空气一起流动进入采空区及工作面。

SF_6 示踪气体释放及采集装置如图 6-10 所示。现场操作中，通过释放装置于地表裂缝释放一定量的示踪气体（见图 6-11）并记录释放时间，气体释放后在工作面回风上隅角使用检测仪连续检测 SF_6 气体，并记录检测出示踪气体的时间。

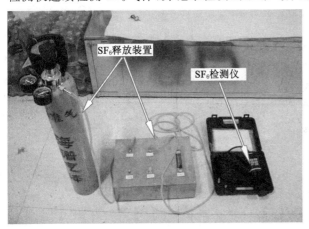

图 6-10　SF_6 示踪气体释放及采集装置　　　　图 6-11　地表释放 SF_6 示踪气体

采用瞬时释放法在采空区地裂缝布置释放点释放 SF_6 气体，释放点在工作面推进方向上相隔 20 m 左右，地表裂缝示踪气体释放位置如图 6-12 所示。

假设漏风从释放点沿直线流至工作面回风隅角（见图 6-13），则释放点至检测点距离 L 可据两点的坐标确定：

$$L = \sqrt{(x_2 - x_1)^2 + (y_2 - y_1)^2} + |z_2 - z_1|　　　　(6-24)$$

根据 SF_6 气体流过释放点和检测点之间的时间可以计算出漏风速度：

$$u = L/\Delta t　　　　(6-25)$$

式中，Δt 为从释放到接收到 SF_6 的时间间隔。

应该指出的是，SF_6 气体在裂隙岩体中实际渗流的迹线为弯弯曲曲的路线，因此实际 SF_6 气体流动速度要大于据上式计算所得值。

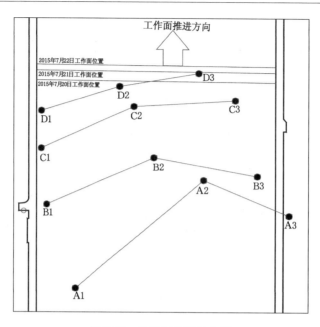

图 6-12　地表气体释放位置

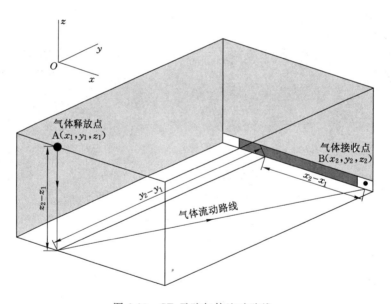

图 6-13　SF_6 示踪气体流动路线

6104 工作面地表漏风测试分析如表 6-1 所示。地表裂缝不同测点漏风速度分布如图 6-14 所示。

由表 6-1 和图 6-14 可以看出，裂缝 A 三个测点漏风流速分别为 0 m/s、0.184 3 m/s、0.089 4 m/s，平均 0.091 2 m/s；裂缝 B 三个测点漏风流速分别为 0.090 5 m/s、0.307 4 m/s、0.183 2 m/s，平均 0.193 7 m/s；裂缝 C 三个测点漏风流速分别为 0.830 5 m/s、0.699 1 m/s、0.775 0 m/s，平均 0.768 2 m/s；裂缝 D 三个测点漏风流速分别为 1.166 7 m/s、0.988 0 m/s、1.068 5 m/s，平均 1.074 4 m/s。裂缝 A 与裂缝 B 测点漏风量较小，裂

表 6-1   6104 工作面地表漏风测试分析表

测点编号	释放点距工作面距离 Δy/m	释放点距接收点距离 L/m	地表释放时间	井下检出时间	持续时间/min	时间间隔/s	漏风流速/(m/s)
A1	−109	319	9:13	—	—	—	0.000 0
A2	−61	243	15:34	15:56	28	1 320	0.184 3
A3	−82	247	16:48	17:34	20	2 760	0.089 4
B1	−83	304	9:02	9:58	22	3 360	0.090 5
B2	−53	240	10:25	10:38	25	780	0.307 4
B3	−64	231	11:35	11:56	31	1 260	0.183 2
C1	−51	299	8:24	8:30	17	360	0.830 5
C2	−25	252	10:24	10:30	14	360	0.699 1
C3	−21	186	11:48	11:52	10	240	0.775 0
D1	−28	280	12:55	12:59	10	240	1.166 7
D2	−13	237	14:00	14:04	8	240	0.988 0
D3	−5	192	14:57	15:00	7	180	1.068 5

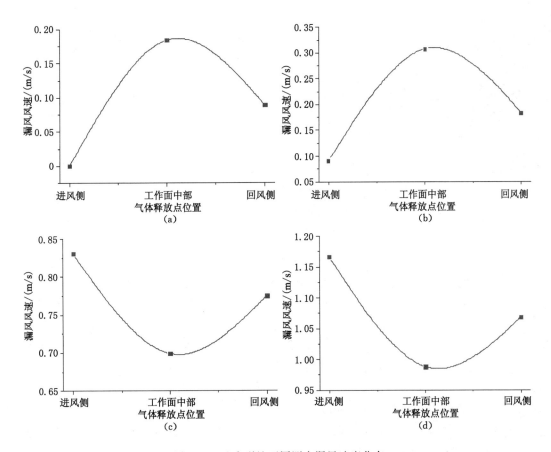

图 6-14　地表裂缝不同测点漏风速度分布
(a) 裂缝 A；(b) 裂缝 B；(c) 裂缝 C；(d) 裂缝 D

缝 C 与裂缝 D 测点漏风严重。裂缝 A 与裂缝 B 进风侧测点漏风速度小于回风侧测点,这是因为进风侧释放点距观测点距离较远,且漏风风速较低,表明裂缝 A 与裂缝 B 漏风不明显。裂缝 C 与裂缝 D 进风侧测点与回风侧测点漏风速度相差不大,表明裂缝 C 和裂缝 D 漏风严重,同一裂缝不同测点漏风速度没有明显规律。

根据现场观测结果,整理分析得到工作面不同位置地裂缝漏风风速分布情况如图 6-15 所示。

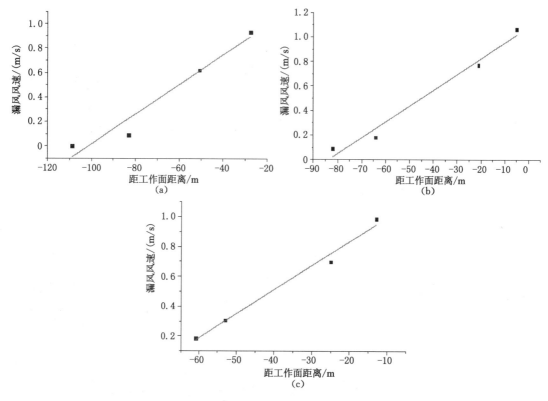

图 6-15　工作面不同位置地裂缝漏风风速分布
(a) 进风侧;(b) 回风侧;(c) 工作面中部

由图 6-15 可以看出,6104 工作面地裂缝漏风风速随其滞后工作面距离的增大而减小,表明随着采空区内岩层失稳运动的稳定,地裂缝趋于闭合,其导气性降低。通过回归分析得到工作面不同位置地裂缝漏风速度与其滞后工作面距离呈线性相关关系:

$$\begin{cases} \text{进风侧:} & u = 0.012\,2x + 1.235\,5 \\ \text{回风侧:} & u = 0.012\,9x + 1.085\,3 \\ \text{工作面中部:} u = 0.016\,1x + 1.156\,9 \end{cases} \tag{6-26}$$

式中　u——漏风风速,m/s;

x——裂缝滞后工作面距离,m。

令式(6-26)中 $u=0$,可得工作面进风侧、回风侧以及工作面中部地裂缝漏风速度为 0 时滞后工作面的距离分别为 101.3 m、84.1 m 和 71.9 m。因此,6104 工作面采空区 0～100 m 范围内采动裂缝具有导通地表和工作面空气的能力。

6.3.2　工作面地表裂缝等效导气缝宽时空分布规律

根据上述研究,可知浅埋厚煤层开采覆岩导气裂缝并不是理想状态下的平行平板裂缝,而是具有粗糙表面且可能在局部接触在一起的非平行裂缝。因此,采用式(6-9)所示立方定律[203]描述覆岩导气裂缝间的流动,需要对其进行修正。可通过现场观测结果得出裂缝等效导气缝宽 D_h,根据式(6-10)可以得出浅埋厚煤层开采覆岩导气裂缝等效导气缝宽为:

$$D_{\mathrm{h}} = \sqrt{\frac{12L'\mu\bar{u}}{\Delta p}} \tag{6-27}$$

式中,L' 取为释放点距煤层距离。

观测期间,工作面地表大气压力平均为 89 500 Pa,回风上隅角处平均压力为 90 400 Pa,工作面煤层平均埋深为 140 m,根据式(6-1)计算可得 $\Delta p = 746$ Pa。

分别以工作面推进位置和进风巷位置为坐标轴,整理分析地表气体释放点的坐标以及漏风风速,得出 6104 工作面地表漏风测试分析参数如表 6-2 所示。

表 6-2　　　　　　　　　　6104 工作面地表漏风测试分析参数

测点编号	释放点距进风巷距离(x坐标)/m	释放点距工作面距离(y坐标)/m	释放点距煤层距离/m	释放点距接收点距离/m	漏风流速/(m/s)	等效导气缝宽/mm
A1	26	−109	155	319	0.000 0	0.00
A2	104	−61	168	243	0.184 3	2.99
A3	158	−82	164	247	0.089 4	2.06
B1	18	−83	150	304	0.090 5	1.98
B2	78	−53	152	240	0.307 4	3.68
B3	138	−64	166	231	0.183 2	2.97
C1	20	−51	161	299	0.830 5	6.22
C2	65	−25	165	252	0.699 1	5.78
C3	128	−21	157	186	0.775 0	5.94
D1	19	−28	148	280	1.166 7	7.07
D2	73	−13	161	237	0.988 0	6.79
D3	110	−5	154	192	1.068 5	6.90

根据表 6-2 所示各测点漏风流速,绘制得出 6104 工作面地表采动裂缝漏风风速动态分布等值线图,如图 6-16 所示。

由图 6-16 可以看出,6104 工作面采空区地表漏风具有以下特点:

(1)工作面采空区地表裂缝漏风风速等值线基本呈条带状分布,与采空区地裂缝分布形态相当,表明地表空气经过覆岩断裂裂缝进入工作面采空区;

(2)工作面两巷附近地表漏风速度大于工作面中部位置,表明采空区中部裂缝在工作面覆岩失稳运动作用下首先趋于闭合,裂缝导气能力降低;

(3)覆岩导气裂缝的漏风速度随其距工作面距离的增大而减小,表明在覆岩失稳运动作用下,导气裂缝的导气能力整体趋于减小;

(4)由于两巷附近采空区压实率低,导致两巷侧导气裂缝在滞后工作面100 m以远处

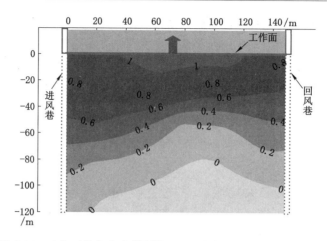

图 6-16　工作面地表采动裂缝漏风风速动态分布特征(单位:m/s)

漏风风速仍大于 0,即仍具有导气能力。

　　根据地表各点等效导气缝宽,绘制得出 6104 工作面地表采动裂缝等效导气缝宽动态分布特征如图 6-17 所示。从图中可以看出,裂缝等效导气缝宽基本沿工作面推进方向呈条带状分布,且随着滞后工作面推进位置距离的增大,裂缝等效导气缝宽呈降低趋势。

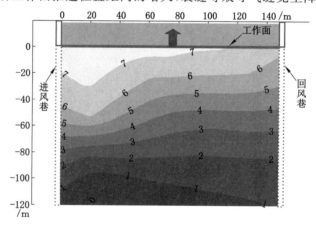

图 6-17　工作面地表采动裂缝等效导气缝宽动态分布特征(单位:mm)

6.3.3　浅埋厚煤层开采覆岩导气裂缝时空分布特征

　　浅埋厚煤层开采覆岩导气裂缝等效导气缝宽随覆岩的失稳运动发生动态性变化,导致导气裂缝的导气能力随工作面的推进出现时空变化特征。因此,研究覆岩导气裂缝等效导气缝宽随工作面推进的时空变化特征,即能对浅埋厚煤层开采覆岩导气裂缝的时空分布特征进行进一步描述。

　　根据表 6-2 所示,分析 6104 工作面覆岩导气裂缝等效导气缝宽随其距工作面距离的变化特征如图 6-18 所示。

　　由图 6-18 可以看出,覆岩导气裂缝等效导气缝宽 D_h 与其距工作面距离 x 呈二次函数分布,即:

$$D_h = -0.000\,2x^2 + 0.046\,3x + 7.407\,4 \tag{6-28}$$

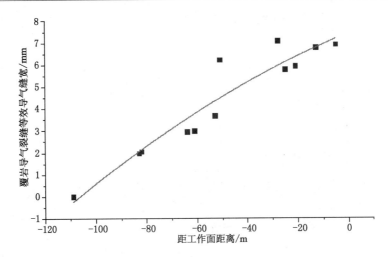

图 6-18 6104 工作面覆岩导气裂缝等效导气缝宽时空变化特征

对比分析 4.3 节,浅埋厚煤层开采覆岩断裂裂缝平均水平张开量分布特征(符合二次函数分布),得浅埋厚煤层开采覆岩导气裂缝等效导气缝宽 D_h 可用下式表达:

$$D_h = ax^2 + bx + c \qquad (6\text{-}29)$$

式中 D_h——覆岩导气裂缝等效导气缝宽,mm;

a,b,c——覆岩导气裂缝等效导气缝宽分布函数各项系数;

x——覆岩导气裂缝距工作面距离,m。

联立式(6-10)与式(6-29),可得到浅埋厚煤层开采覆岩导气裂缝导气能力时空分布特征如下式:

$$\bar{u} = \frac{(ax^2 + bx + c)^2}{12L\mu}\Delta p \qquad (6\text{-}30)$$

根据式(6-28)至式(6-30),可得到 6104 工作面覆岩导气裂缝漏风流速随其距工作面距离的预测公式:

$$\bar{u} = \frac{(-0.000\,2x^2 + 0.046\,3x + 7.407\,4)^2}{12L\mu}\Delta p \qquad (6\text{-}31)$$

根据式(6-31),取 $\Delta p = 746$ Pa,$L = 150$ m,得到 6104 工作面采空区距工作面不同距离覆岩导气裂缝的漏风流速预测曲线与实测得出各测点漏风风速对比如图 6-19 所示。

对式(6-31)与现场实测值之间进行拟合程度检验,取拟合优度的度量指标为 R^2(可决系数)[215,216],记为:

$$R^2 = 1 - \frac{RSS}{TSS} \qquad (6\text{-}32)$$

式中 RSS——残差平方和,$RSS = \sum(Y_i - \overline{Y}_i)^2$,其中,$Y_i$ 为现场实测值,$\overline{Y}_i$ 为式(6-31)

预测值;

TSS——总体平方和,$TSS = \sum(Y_i - \overline{Y})^2$,其中,$Y_i$ 为现场实测值,$\overline{Y}$ 为现场观测

平均值。

根据式(6-32)并结合图 6-19,计算得出可决系数 $R^2 = 0.89$,表明预测公式(6-31)拟合优度较高,符合现场应用需要。

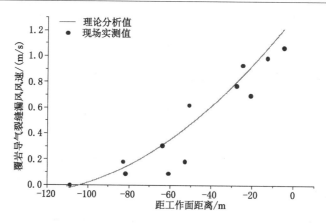

图 6-19　理论分析测点漏风风速与实测值对比

7 覆岩导气裂缝影响下采空区流场及工作面漏风特征

受浅埋厚煤层工作面采空区覆岩失稳运动的影响,采空区内距离工作面不同位置覆岩压力呈现不均衡性,导致采空区内垮落矸石的密实程度也不同,同时由于地表漏风的影响,采空区遗煤自然发火"三带"分布范围相对普通工作面发生变化。为了研究覆岩导气裂缝影响下浅埋厚煤层工作面开采采空区流场特征、采空区一氧化碳浓度分布特征及工作面一氧化碳来源,提出针对性的控制采空区地表漏风及工作面一氧化碳浓度超限的技术措施。本章依据浅埋厚煤层开采采空区内垮落矸石的赋存特征,建立了采空区漏风流场的数学计算模型,分析了浅埋厚煤层采空区内空气流动流场、漏风特征及其影响因素。采用有限元FLUENT数值模拟方法,分析了地表漏风条件下,工作面采空区内漏风流场的时空分布规律。通过对典型浅埋厚煤层工作面采空区内气体浓度变化时空分布规律以及工作面一氧化碳浓度分布特征的现场实测分析,得出了漏风条件下采空区遗煤自然发火"三带"的分布范围以及工作面一氧化碳气体的主要来源。

7.1 采空区垮落矸石赋存特征及渗流场数学模型

7.1.1 采空区压力分布及垮落带矸石碎胀特性

经典矿压理论[3]对采场周围岩体在水平方向和垂直方向的运动特征进行了区带划分,即上覆岩层在垂直方向分为垮落带、裂缝带与弯曲下沉带,而水平方向则分为煤壁支撑区、离层区与重新压实区。根据相关研究[4,23],浅埋煤层开采采场上覆岩层在垂直方向具有"两带"分布特征,即垮落带与裂缝带。煤层开采后,覆岩顶板发生断裂、破碎及垮落并形成垮落带,垮落带垮落矸石形状不规则且垮落后具有一定的碎胀性,垮落带垮落矸石的碎胀性导致矸石间形成弯弯曲曲、杂乱无章分布的导气裂缝,对采空区流场的分布特征影响较大。因此,本章以垮落带为研究对象,对采空区内风流流场及漏风特征进行分析。

根据垮落带上覆岩层在水平方向的分区特点,将垮落带分为三个区域,即自然堆积区、承压碎胀区及压实区[217-219]。考虑到工作面回采巷道侧煤体的支撑作用,将工作面煤壁侧一定范围内划分为自然堆积区。图 7-1 所示为浅埋厚煤层开采覆岩区带划分及采空区内垮落带分区。图 7-2 所示为浅埋厚煤层开采采空区垮落带分区。

覆岩垮落带高度主要由煤层采厚和上覆岩层碎胀性决定,一般取 3~5 倍的煤层采厚,覆岩垮落带高度 h_k 由下式确定:

$$h_k = \frac{m}{(k_p - 1)\cos \alpha} \tag{7-1}$$

式中　m——煤层采厚,m;

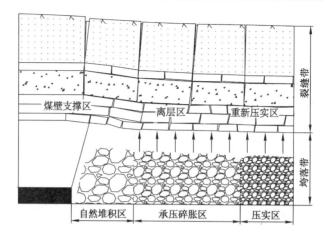

图 7-1 覆岩区带划分及采空区内垮落带分区

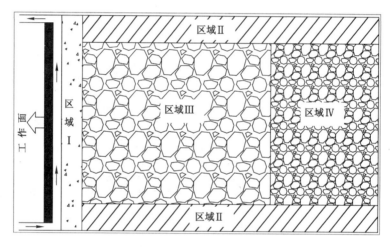

图 7-2 采空区垮落带分区

区域Ⅰ,Ⅱ——自然堆积区;区域Ⅲ——承压碎胀区;区域Ⅳ——压实区

k_p——垮落岩石碎胀系数;

α——煤层倾角,(°)。

岩石的碎胀特性用岩石的碎胀系数表示,碎胀系数恒大于1,其值的大小受岩石的物理力学性质、破碎块体大小及破碎块体的排列方式等影响。由于采空区上覆岩层的失稳运动及覆岩压力的变化,造成垮落带内垮落矸石的碎胀系数不同,采空区内不同位置遗煤和垮落矸石间空隙大小、形态各异,使得采空区内漏风流场及流态发生变化。

7.1.2 采空区多孔介质孔隙率及渗流特征

由于垮落带矸石的碎胀性及块度、分布的不均衡性,将垮落带范围内垮落矸石近似为多孔介质。多孔介质以固体物质为骨架,骨架之间由大量的孔隙组成,是一种气固、液固或气液固多相物质组成的组合体,多孔介质内的流体以渗流方式运动[220]。

描述多孔介质性质的特征量包括孔隙率、渗透系数及压缩系数等,其中多孔介质孔隙率与渗透系数对介质内流体渗流的影响显著[221]。

(1) 采空区多孔介质孔隙率

多孔介质内孔隙多少用孔隙率表示,是多孔介质区域内孔隙总体积与区域总体积的比值,其数学表达式为:

$$n = \frac{\Delta V'}{\Delta V} \times 100\%$$
(7-2)

式中 n——多孔介质孔隙率;

$\Delta V'$——多孔介质区域内孔隙总体积,m^3;

ΔV——多孔介质区域总体积,m^3。

目前采空区孔隙率一般按照岩石的碎胀系数计算,即:

$$n = 1 - 1/k_p$$
(7-3)

式中 k_p——垮落矸石的碎胀系数。

(2)采空区多孔介质渗透系数

渗透率反映多孔介质对流体的渗透能力,渗透率的大小表示多孔介质渗透性的强弱,即流体通过多孔介质区域的难易程度[222]。根据达西定律,渗透率可表述为:

$$u = \frac{k}{\mu}\left(\frac{\partial p}{\partial z} + \rho g\right)$$
(7-4)

式中 u——流体流速,m/s;

k——渗透率,m^2;

μ——流体的运动黏性系数,$Pa \cdot s$;

$\partial p / \partial z$——在流动方向的压力梯度;

ρ——流体的密度,kg/m^3;

g——重力加速度,m/s^2。

渗透系数反映流体在多孔介质中渗透性能,指多孔介质对流体流动的阻力特性,渗透系数可用下式表达:

$$K = k\rho g / \mu$$
(7-5)

式中 K——多孔介质渗透系数;

k——渗透率,与多孔介质本身特性有关;

μ——流体的运动黏性系数,$Pa \cdot s$。

多孔介质的渗透率取决于多孔介质的孔隙率、孔隙尺寸及孔隙分布,在介质一定时,介质的孔隙尺寸和分布一定,此时,多孔介质的渗透率只与多孔介质的孔隙率有关[221]。因此,可以认为在采空区垮落矸石中,空气的渗透率是孔隙率的函数。根据相关研究[222-224],空气在采空区多孔介质内的渗透率可用下式表达:

$$\begin{cases} k = 1.605 \times 10^{-6} n^2 & n = 0 \sim 0.45 \\ k = 1.448 \times 10^{-27} e^{113n} & n = 0.45 \sim 0.5 \end{cases}$$
(7-6)

对浅埋煤层开采,设采空区垮落带内垮落矸石孔隙率在垂直方向相同。由于采空区覆岩压力的分段分布特征,采空区垮落带矸石的孔隙率在水平方向具有分区特征。根据 6104 工作面现场生产实际,取采空区计算范围为 150 m,根据现场观测结果,计算碎胀系数 k_p 取值范围为 1.1~1.5,对应的孔隙率为 0.09~0.5。表 7-1 所示为采空区垮落带范围及相关渗透力学参数。

表 7-1　　　　　　　　6104 工作面采空区垮落带范围及相关渗透力学参数

区域	名称	范围	碎胀系数	孔隙率	渗透率/m²
区域 Ⅰ	工作面后方 自然堆积区	滞后工作面 0～20 m 范围	1.50	0.33	1.75×10^{-7}
区域 Ⅱ	两侧煤柱 自然堆积区	采空区煤柱 两侧 0～20 m 范围	1.40	0.29	1.35×10^{-7}
区域 Ⅲ	承压碎胀区	滞后工作面 20～100 m 范围	1.25	0.20	0.64×10^{-7}
区域 Ⅳ	压实区	滞后工作面 100～150 m 范围	1.10	0.10	0.16×10^{-7}

7.1.3　采空区三维稳定渗流微分控制方程

对浅埋厚煤层覆岩导气裂缝影响下采空区流场进行数值模拟研究,首先要确定漏风条件下采空区的物理模型及数学计算模型。本节在上述研究结果与现场生产实际基础上,通过适当的简化处理,运用多孔介质流体动力学、计算流体力学等[220,225,226],建立了漏风条件下采空区三维稳定渗流的微分方程,并确定了合理的边界条件。

（1）采空区三维渗流物理模型

以 6104 工作面采空区为计算原型,建立采空区三维渗流物理模型,如图 7-3 所示。由于浅埋厚煤层开采地表漏风条件下,采空区流场受诸如地表大气压力、地裂缝分布形态和尺寸参数、采空区覆岩断裂块度及垮落带垮落矸石碎胀性、工作面通风压力等因素的影响,根据现场生产条件,取采空区高度为 50 m,走向长 150 m,工作面长度 150 m,建立多源一汇的采空区物理模型,并结合上述地裂缝分布规律及漏风特征,物理模型的建立基于以下假设和简化:

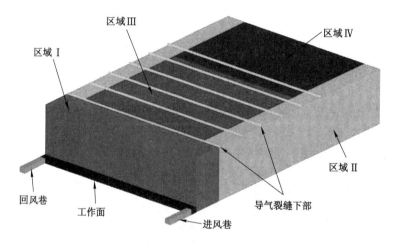

图 7-3　计算区域简化物理模型

① 将采空区区域视为各向同性的多孔介质;

② 采空区水平方向各区带孔隙率及渗透系数不同,而区带内垮落矸石的孔隙率及渗透系数相同;

③ 将物理模型上部覆岩漏风通道视为沿工作面平行分布且间距与工作面来压步距相当的裂缝;

④ 忽略覆岩导气裂缝内的阻力损失,裂缝处设为压力边界条件,压力值为大气压力;

⑤ 工作面进风巷设置为速度进口边界条件并设定进口处压力,回风巷设置为压力边界条件,压力值根据井下通风压力确定;

⑥ 将采空区内气体视为不可压缩流体,并忽略流体流动过程中的能量传递和温度的影响,流体流动视为层流,其在多孔介质中的渗流符合达西定律。

由图 7-3 所示,根据上述实测 6104 工作面地表采动裂缝分布间距,在模型上边界设置平行工作面的导气裂缝 6 条,裂缝间距取 18 m,裂缝处总风压与地表处相同,其他位置按壁面处理。

(2) 采空区三维渗流控制方程

① 采空区三维稳定渗流微分方程[225,227]

由于采空区垮落带松散煤岩块体空隙分布不均匀,且漏风源与漏风汇难以确定,采空区漏风流场计算中仅考虑平均意义下的漏风强度,假设计算区域风流在空隙间的密度不变,则有:

$$\frac{\partial \overline{Q}_x}{\partial x} + \frac{\partial \overline{Q}_y}{\partial y} + \frac{\partial \overline{Q}_z}{\partial z} = 0 \tag{7-7}$$

式中　$\overline{Q}_x, \overline{Q}_y, \overline{Q}_z$——$x, y, z$ 方向的漏风强度分量。

假设层流状态下采空区内流场符合达西定律,因此有:

$$\begin{cases} \overline{Q}_x = -K_x \dfrac{\partial H}{\partial x} \\[2mm] \overline{Q}_y = -K_y \dfrac{\partial H}{\partial y} \\[2mm] \overline{Q}_z = -K_z \dfrac{\partial H}{\partial z} \end{cases} \tag{7-8}$$

式中　H——采空区内全风压函数,$H = H(x, y, z)$;

K_x, K_y, K_z——多孔介质在 x, y, z 方向渗透系数,m/s,将采空区渗透率视为各向同性,则有 $K_x = K_y = K_z$。

由式(7-5)可知,多孔介质的绝对渗透率 $k = K\mu$。

由式(7-7)和式(7-8)可得:

$$\frac{\partial}{\partial x}\left(k_x \frac{\partial H}{\partial x}\right) + \frac{\partial}{\partial y}\left(k_y \frac{\partial H}{\partial y}\right) + \frac{\partial}{\partial z}\left(k_z \frac{\partial H}{\partial z}\right) = 0 \tag{7-9}$$

若采空区内部有气体涌出(源)与流失(汇),式(7-9)扩充为:

$$\frac{\partial}{\partial x}\left(k_x \frac{\partial H}{\partial x}\right) + \frac{\partial}{\partial y}\left(k_y \frac{\partial H}{\partial y}\right) + \frac{\partial}{\partial z}\left(k_z \frac{\partial H}{\partial z}\right) + W = 0 \tag{7-10}$$

式中,W 为源汇项,即采空区内单位体积在单位时间内涌出(源)与流失(汇)气体量。

式(7-9)与式(7-10)为采空区三维稳定渗流微分方程。

② 采空区三维稳定渗流边界条件[225,228]

采空区三维稳定渗流定解边界条件有以下三种形式:

采空区边界 ζ 上全风压已知,数学表达式为:

$$H(x,y,z)\big|_{(x,y,z)\,\in\,\zeta} = h_0(x,y,z) \qquad (7\text{-}11)$$

式中，ζ 为采空区空间区域的边界面；$h_0(x,y,z)$ 为已知函数。

采空区边界 ζ 上风量已知，数学表达式为：

$$\left(k_x\frac{\partial H}{\partial x}n_x^0 + k_y\frac{\partial H}{\partial y}n_y^0 + k_z\frac{\partial H}{\partial z}n_z^0\right)\Big|_{(x,y,z)} \in \zeta = g(x,y,z) = 0 \qquad (7\text{-}12)$$

式中，n_x^0, n_y^0, n_z^0 为采空区空间区域边界面外法线方向单位向量在 x,y,z 方向的分量；$g(x,y,z)$ 为已知函数。

采空区边界 ζ_1 给定全风压，边界 ζ_2 给定风量数学表达式为：

$$\begin{cases} H(x,y,z)\big|_{(x,y,z)\,\in\,\zeta_1} = h_0(x,y,z) \\ \left(k_x\frac{\partial H}{\partial x}n_x^0 + k_y\frac{\partial H}{\partial y}n_y^0 + k_z\frac{\partial H}{\partial z}n_z^0\right)\Big|_{(x,y,z)\,\in\,\zeta_2} = g(x,y,z) = 0 \end{cases} \qquad (7\text{-}13)$$

采空区三维稳定渗流微分方程式(7-10)与边界定解条件式(7-11)、式(7-12)、式(7-13)共同组成采空区三维稳定渗流数学计算模型。

7.2 导气裂缝影响下采空区漏风流场数值模拟

本节针对采空区多孔介质三维稳定渗流物理与数学计算模型，基于 6104 工作面生产技术条件为背景，采用计算流体力学方法[229-232]，建立工作面及采空区多孔介质三维模型，将模型内渗流控制微分方程离散化，并结合边界条件，通过计算机求解离散化代数方程组的方法得到采空区压力及渗流速度等的分布情况，对浅埋厚煤层开采采空区漏风流场进行了三维数值模拟。

7.2.1 数值计算模型的建立

（1）采空区三维建模及网格划分

根据采空区三维渗流物理模型，采用建模工具软件 GAMBIT，分别建立了笛卡尔坐标系下，地表不漏风与覆岩导气裂缝漏风两种条件下的工作面与采空区三维立体模型。模型中坐标原点在采空区与回风巷边界交点处，向回风侧方向为 X 轴正方向，向顶板方向为 Y 轴正方向，向采空区方向为 Z 轴正方向。回采巷道断面尺寸为 $X \times Y$：5.0 m×3.5 m，工作面断面尺寸为 $Z \times Y$：4.0 m×3.5 m，采空区空间尺寸为 $X \times Y \times Z$：150 m×50 m×150 m。考虑模型计算速度与网格质量，取覆岩导气裂缝尺寸为 $X \times Y \times Z$：150 m×60 m×0.2 m。两种条件下计算模型网格划分如下：

① 不漏风条件下工作面与采空区三维立体模型网格划分

计算模型均采用 Tet/Hybrid 非结构化网格划分，回采巷道和工作面范围网格平均间距为 0.5 m，采空区范围各区域网格平均间距为 0.25 m。

② 漏风条件下工作面与采空区三维立体模型网格划分

计算模型均采用 Tet/Hybrid 非结构化网格划分，回采巷道和工作面范围网格平均间距为 0.5 m，采空区范围各区域网格平均间距为 0.25 m，覆岩导气裂缝内网格平均间距为 0.05 m。

图 7-4 所示为三维立体计算模型。

（2）数值计算模型参数及边界设置

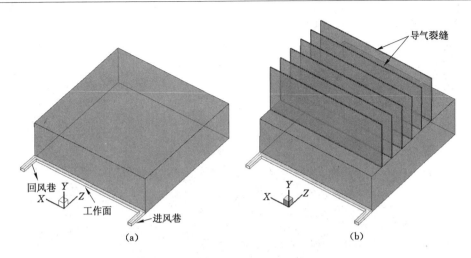

图 7-4 三维立体计算模型

(a) 不漏风条件下立体模型；(b) 漏风条件下立体模型

数值计算模型中，采用一源一汇或多源一汇，进风巷作为入口边界，边界条件设置为速度入口。回风巷作为出口边界，边界条件设置为压力出口。覆岩导气裂缝上端为入口边界，边界条件设置为压力入口。采空区四周均设置为壁面。采空区各区域间交界面均定义为内部面。回采巷道及工作面定义为空气流体区域，采空区定义为空气流体多孔介质区域，采空区各区域孔隙率及阻力系数不同。

表 7-2 所示为采空区各区域孔隙率及多孔介质黏滞阻力取值。

表 7-2　　　　　　计算模型采空区各区域多孔介质孔隙率及黏滞阻力

区域	名称	分布范围 ($X \times Y \times Z$)/m	孔隙率	渗透率/m^2	多孔介质黏滞 阻力/($1/m^2$)
区域Ⅰ	工作面后方 自然堆积区	$150 \times 50 \times 20$	0.33	1.75×10^{-7}	5.71×10^6
区域Ⅱ	两侧煤柱 自然堆积区	$20 \times 50 \times 130$	0.29	1.35×10^{-7}	7.41×10^6
区域Ⅲ	承压碎胀区	$110 \times 50 \times 80$	0.20	0.64×10^{-7}	1.56×10^7
区域Ⅳ	压实区	$110 \times 50 \times 50$	0.10	0.16×10^{-7}	6.25×10^7

计算模型入口边界确定如下：

工作面正常生产期间，工作面配风量 Q_0 为 13.6 m^3/s，因此，进风巷速度入口进风速度 $v = Q_0/S = 13.6/17.5 = 0.78$ m/s，S 为进风巷断面积。

根据现场实测，取工作面覆岩导气裂缝压力入口压力值为 800 Pa，回风巷压力出口压力值为 0 Pa。

7.2.2　数值模拟结果及分析

根据以上设定，采用 FLUENT 进行数值模拟实验，根据速度极限分析法，分别求解出两种条件下采空区压力、漏风风速、漏风流场等。

（1）采空区压力分布及漏风迹线

不漏风条件下，工作面采空区内相对压力分布如图7-5所示。不漏风条件下，工作面不同位置切面（$X=5$ m、$X=145$ m及$Y=2$ m）漏风迹线分布如图7-6所示。

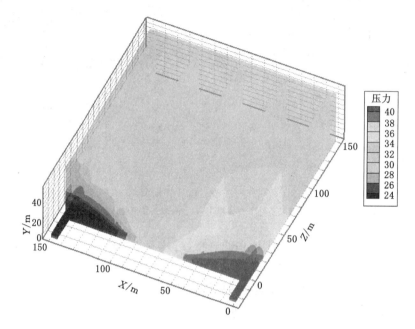

图7-5　不漏风条件下采空区内相对压力分布（Pa）

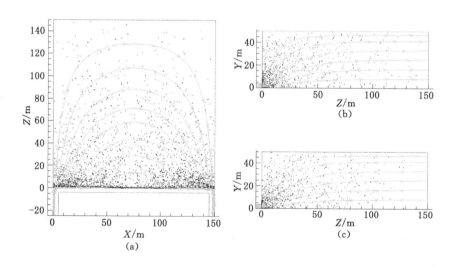

图7-6　不漏风条件下工作面不同位置切面漏风迹线
（a）$Y=2$ m切面；（b）$X=5$ m切面（进风巷侧）；（d）$X=145$ m切面（回风巷侧）

由图7-5和图7-6可以看出，沿工作面面长X方向，工作面进风巷侧相对压力大于回风巷侧，风流基本沿工作面自进风巷向回风巷流动。沿工作面采空区Z方向，进风巷侧，工作面区域相对压力大于采空区，渗流方向为自工作面向采空区流动（自外向里流）。回风巷侧，工作面区域相对压力小于采空区,渗流方向为自采空区向工作面流动(自里向外流)。

覆岩导气裂缝漏风条件下,工作面采空区内相对压力分布如图 7-7 所示。漏风条件下,工作面不同位置切面($X=5$ m、$X=145$ m 及 $Y=2$ m)漏风迹线分布如图 7-8 所示。

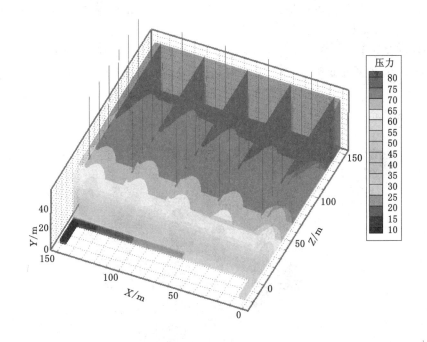

图 7-7 漏风条件下采空区内相对压力分布(Pa)

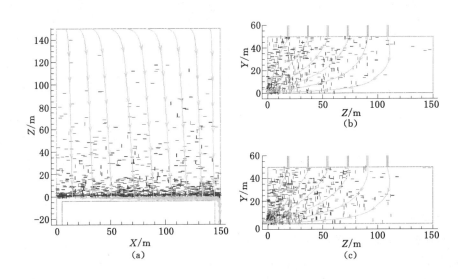

图 7-8 工作面不同位置切面漏风迹线
(a) $Y=2$ m 切面;(b) $X=5$ m 切面(进风巷侧);(d) $X=145$ m 切面(回风巷侧)

由图 7-7 和图 7-8 可以看出,随着高度的增加,相对压力升高,即地表压力大于采空区内部压力,渗流方向为自地表向采空区(自上向下流)。除进风巷侧区域外,同一水平内采空区内压力大于工作面,渗流方向为自采空区向工作面(自里向外流)。在覆岩导气裂缝影响下,工作面漏风情况总体为自上向下、自里向外流动。

(2)采空区漏风强度及漏风范围

不漏风条件下,工作面不同位置切面($X=5$ m、$X=40$ m、$X=75$ m、$X=110$ m 及 $X=145$ m)渗流速度分布如图 7-9 所示。由图 7-9 可以看出,靠近工作面位置附近采空区渗流速度较大,漏风强度较大,随着采空区位置向高处(Y 轴正方向)及深处(Z 轴正方向)变化,渗流速度变小,漏风强度变小。工作面不同位置漏风强度及漏风范围不同,进回风巷侧区域漏风强度及漏风范围均比工作面中部大,随着向工作面中部移近,漏风强度及漏风范围逐渐变小。

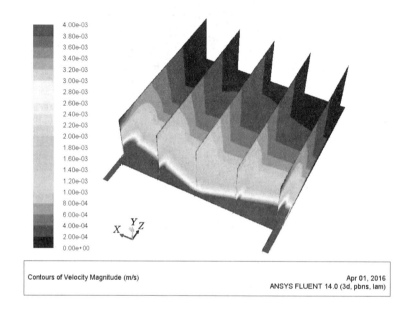

图 7-9　不漏风条件下工作面不同位置切面渗流速度分布云图

覆岩导气裂缝漏风条件下,工作面不同位置切面($X=5$ m、$X=40$ m、$X=75$ m、$X=110$ m 及 $X=145$ m)渗流速度分布如图 7-10 所示。由图 7-10 可以看出,覆岩导气裂缝影响下,采空区内漏风强度与漏风范围均出现大幅增大,且进回风巷侧区域与工作面中部在漏风强度与漏风范围上均不存在明显差异。

图 7-11 所示为基于漏风极限原则的采空区自燃"三带"划分。由图 7-11 可以看出:

① 不漏风条件下,采空区散热带范围滞后工作面 5～20 m,且工作面两端散热带范围大于工作面中部。氧化升温带范围滞后工作面 5～55 m,且工作面中部氧化升温带范围大于工作面两端。滞后工作面 55 m 以远为窒息带。

② 漏风条件下,采空区散热带范围滞后工作面 30～40 m,且工作面散热带范围自进风巷侧向回风巷侧增大。氧化升温带范围滞后工作面 30～85 m,氧化升温带范围自进风巷侧向回风巷侧增大。滞后工作面 85 m 以远为窒息带。

(3)导气裂缝影响下采空区流场分布

覆岩导气裂缝影响下,工作面不同位置切面($X=5$ m、$X=75$ m 及 $X=145$ m)漏风流

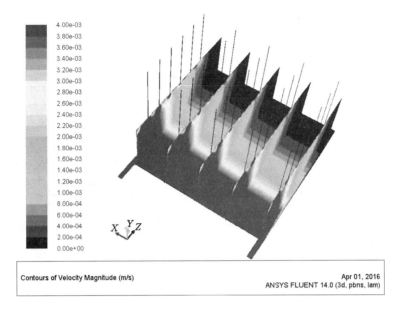

图 7-10　漏风条件下工作面不同位置切面渗流速度分布云图

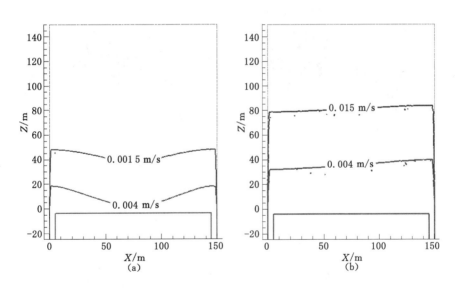

图 7-11　基于漏风极限原则的采空区自燃"三带"划分
（a）不漏风条件下；（b）漏风条件下

场如图 7-12 所示。

由图 7-12 可以看出,在覆岩导气裂缝的影响下,切面上各导气裂缝底端至工作面空气流动流场呈上宽下窄的不规则梭形。在梭形流场内,渗流速度自采空区上部至工作面逐渐增大,且随着距工作面距离的增大,各导气裂缝梭形流场长度增大,梭形流场上部渗流速度减小。由于工作面回风巷侧相对压力较低,其切面流场流速较工作面中部和进风巷侧大,但差距不大。

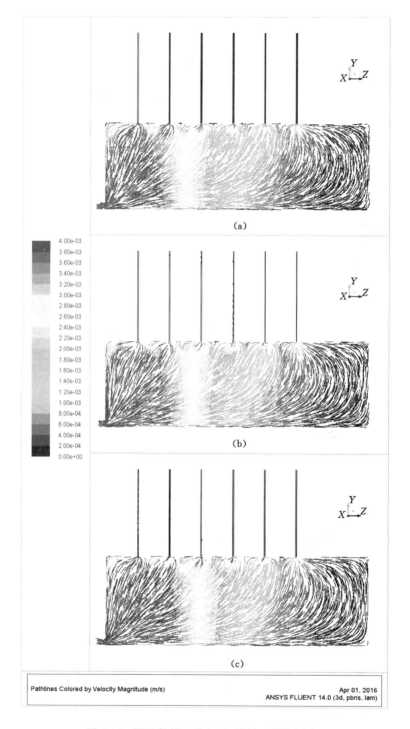

图 7-12 漏风条件下采空区不同切面漏风流场

（a）$X=5$ m（进风巷侧）；（b）$X=75$ m（工作面中部）；（c）$X=145$ m（回风巷侧）

7.3　漏风条件下采空区与工作面气体浓度变化

7.3.1　采空区自燃"三带"分布范围

本节基于串草圪旦煤矿 6104 工作面生产技术条件,通过现场实测,统计整理了 6104 工作面自开切眼至推进约 200 m 范围内采空区气体浓度分布,分析了距工作面不同距离采空区测点及工作面不同位置 CO 气体分布规律,得出了工作面采空区自燃"三带"分布范围及工作面 CO 气体主要来源。

6104 工作面于 2014 年 7 月 5 日开始生产,当工作面推采 38 m 时,在辅运巷铺设束管采集采空区内气体并检测其组分及浓度。现场连续取样检测时间为 2014 年 7 月 22 日至 2014 年 9 月 13 日。

（1）工作面推进情况

6104 工作面自 2014 年 7 月 22 日至 9 月 13 日期间,工作面推进速度见表 7-3。

表 7-3　　　　　　　　　　6104 工作面推进速度统计

时间	推进速度 /(m/d)	时间	推进速度 /(m/d)	时间	推进速度 /(m/d)
7 月 22 日	4.50	8 月 9 日	5.40	8 月 27 日	4.35
7 月 23 日	5.00	8 月 10 日	3.80	8 月 28 日	5.25
7 月 24 日	2.30	8 月 11 日	4.65	8 月 29 日	2.35
7 月 25 日	3.00	8 月 12 日	5.35	8 月 30 日	0.00
7 月 26 日	1.70	8 月 13 日	4.45	8 月 31 日	4.45
7 月 27 日	0.45	8 月 14 日	5.35	9 月 1 日	4.35
7 月 28 日	4.20	8 月 15 日	4.95	9 月 2 日	4.30
7 月 29 日	1.20	8 月 16 日	4.55	9 月 3 日	5.05
7 月 30 日	3.50	8 月 17 日	0.00	9 月 4 日	5.05
7 月 31 日	0.00	8 月 18 日	1.20	9 月 5 日	5.10
8 月 1 日	2.20	8 月 19 日	5.90	9 月 6 日	4.40
8 月 2 日	4.25	8 月 20 日	5.60	9 月 7 日	2.00
8 月 3 日	2.70	8 月 21 日	4.50	9 月 8 日	4.00
8 月 4 日	0.00	8 月 22 日	5.65	9 月 9 日	5.45
8 月 5 日	0.00	8 月 23 日	4.95	9 月 10 日	4.10
8 月 6 日	3.50	8 月 24 日	5.55	9 月 11 日	5.00
8 月 7 日	2.35	8 月 25 日	5.75	9 月 12 日	4.50
8 月 8 日	5.20	8 月 26 日	4.65	9 月 13 日	5.90

由表 7-3 可以看出,观测期间工作面平均推进度为 3.78 m/d,正常生产情况下,工作面平均日推进距离大于 3.78 m,若遇到设备故障或者地质条件改变等情况,工作面推进度可能会下降。

（2）采空区气体浓度分布

观测期间,6104 工作面采空区气体取样检测点气体浓度变化规律见表 7-4。根据表 7-4,整理得出采空区内距离工作面不同位置 O_2 与 N_2 体积百分比以及 CO 与 CH_4 气体浓度分布见图 7-13。

表 7-4　　　　　　6104 工作面采空区观测点气体浓度变化规律

观测日期	O_2浓度/%	N_2浓度/%	CO 浓度/$\times10^{-6}$	CH_4浓度/$\times10^{-6}$	CO_2浓度/$\times10^{-6}$	距工作面距离/m
7月23日	20.453 7	78.991 7	20	27	2 446	9.50
7月30日	19.943 4	79.631 1	34	55	4 186	25.85
8月6日	19.994 2	79.748 0	37	34	4 527	38.50
8月13日	17.129 3	81.670 7	52	56	11 892	69.70
8月20日	14.394 2	84.200 5	63	42	13 948	97.25
8月27日	13.956 1	84.767 7	65	48	12 649	132.65
9月3日	13.955 4	84.772 0	61	41	12 624	158.40
9月10日	13.955 2	84.772 4	58	45	12 621	188.50

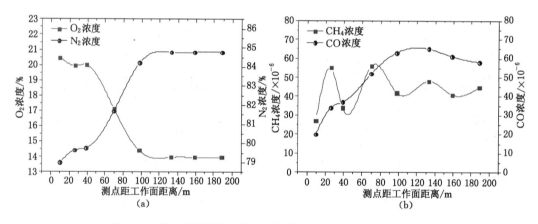

图 7-13　采空区内距离工作面不同位置处各组分气体浓度分布
(a) O_2 与 N_2；(b) CO 与 CH_4

由表 7-4 和图 7-13 可以看出:

① 6104 工作面采空区 O_2 浓度随工作面的推进呈现阶段性分布特征,随着工作面的推进,采空区测点处的 O_2 浓度总体呈降低趋势。距工作面 0～38.5 m 范围内 O_2 浓度在 19.994 2%～20.453 7%范围波动且变化不大,O_2 浓度接近空气中正常浓度,表明此范围内地表裂缝漏风能进入工作面形成较大风流,地表漏风严重。距工作面 38.5～132.5 m 范围内 O_2 浓度由 19.994 2%下降至 13.956 1%,表明此范围内采空区遗煤发生氧化反应消耗氧气。距工作面 132.5 m 之后,采空区内 O_2 浓度维持在 13.95%不变,表明此范围内遗煤氧化反应基本终止。根据采空区内 O_2 浓度分布规律,得出 6104 工作面开采散热带范围为距工作面 0～38.5 m,氧化升温带范围为距工作面 38.5～132.5 m,窒息带范围为距工作面 132.5 m以远。

② 6104 工作面采空区 CO 气体浓度随工作面的推进呈现阶段性分布特征,随着工作面的推进,采空区测点处的 CO 气体浓度总体呈降低趋势。距工作面 0～38.5 m 范围内 CO 气体浓度在 20×10^{-6}～37×10^{-6} 范围内波动且变化不大,CO 气体浓度较低,表明此范围内地表裂缝漏风能进入工作面形成较大风流,地表漏风严重,风流将煤氧化生成 CO 带出。距工作面 38.5～132.5 m 范围内 CO 气体浓度由 37×10^{-6} 增加至 65×10^{-6},表明此范围内采空区遗煤发生氧化生成 CO 气体。距工作面 132.5 m 之后,采空区内 CO 气体浓度从 65×10^{-6} 出现下降趋势,表明此范围内遗煤氧化反应基本终止。根据采空区内 CO 气体浓度分布规律,得出 6104 工作面开采散热带范围为距工作面 0～38.5 m,氧化升温带范围为距工作面 38.5～132.5 m,窒息带范围为距工作面 132.5 m 以远。

(3) 工作面不同位置 CO 气体浓度分布

对 6104 工作面不同位置 CO 气体浓度进行测定,得到 6104 工作面不同位置 CO 气体浓度变化规律如表 7-5 所示。6104 工作面不同位置观测点 CO 气体浓度变化规律如图 7-14 所示。由表 7-5 和图 7-14 可以看出,工作面 CO 气体浓度从进风侧到回风侧呈增大趋势,这是由于地表漏风风流通过采空区向工作面回风上隅角汇聚,采空区内 CO 随风流运动向工作面回风侧集聚所致。

表 7-5　　　　　　**6104 工作面采空区观测点 CO 气体浓度变化规律**

观测日期	CO 气体浓度/$\times10^{-6}$						
	20# 支架	40# 支架	50# 支架	60# 支架	70# 支架	80# 支架	上隅角
7 月 23 日	10	26	54	52	60	27	17
7 月 30 日	0	6	11	18	20	22	21
8 月 6 日	0	7	10	10	16	14	15
8 月 13 日	3	8	10	14	17	17	19
8 月 20 日	2	6	9	13	17	16	18
8 月 27 日	0	3	7	13	13	15	20
9 月 3 日	0	0	0	5	6	8	16
9 月 10 日	0	0	0	5	8	12	12

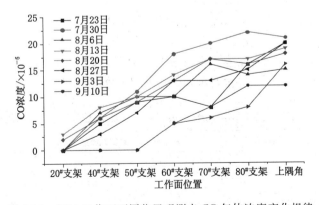

图 7-14　6104 工作面不同位置观测点 CO 气体浓度变化规律

7.3.2 工作面 CO 主要来源分析

2015 年 4 月至 7 月,6104 工作面 CO 浓度经常超限,甚至高达 100×10^{-6},这一现象是采空区煤炭自燃引起的还是其他因素引起的,需要进一步分析确定。因此分析工作面 CO 气体产生机理及主要来源,有利于开展针对性的措施控制工作面 CO 气体浓度超限,保证工作面安全生产。

根据相关研究[233-238],总结浅埋煤层开采工作面 CO 来源及产生机理如下:

其一,采空区遗煤自燃产生 CO 气体。煤在自燃过程中会产生 CO 气体,其产生速率受煤质、灰分与水含量等内在因素和温度、氧浓度与散热条件等外在因素的影响。浅埋厚煤层开采过程中,覆岩内产生的直通地表的采空裂缝常常贯通至工作面,造成地表向采空区及工作面的漏风,这为采空区内遗煤的自燃提供了连续的供氧环境。采空区遗煤自燃产生的 CO 气体会随着漏风风流向工作面方向运动,造成工作面 CO 气体浓度的增大。其中,采空区遗煤量及漏风量的大小影响采空区 CO 气体产生速率及其向工作面的运移速率,进而影响工作面 CO 气体浓度的大小。

其二,开采煤层中赋存 CO 气体。有关学者研究发现,一些开采煤层中赋存有 CO 气体,并认为其来源有两种可能:一是在煤层中伴生有类似煤油(石油)的物质时同时伴生一定的 CO 气体;二是开采煤层和顶板之间的水平运动产生的高温造成煤的氧化而产生 CO 气体。在工作面开采过程中,煤层中赋存的 CO 气体释放到采煤空间,使工作面 CO 浓度增大。

其三,采煤过程中产生 CO 气体。作为一种有机大分子物质,煤在外力作用(如采煤机截割、钻机剪切等)下发生破碎,形成大量裂隙及自由面,存在于其上的自由基发生氧化反应形成 CO 气体。特别是在采煤机采煤过程中,滚筒的高速运转使得截割部与煤体接触过程中产生极大的热量,加快煤的氧化反应并产生 CO 气体。

其四,其他生产过程产生 CO 气体。井下其他生产过程也会产生 CO 气体。如在井下爆破中,炸药爆炸或燃烧过程会产生 CO 气体。西部浅埋煤层开采矿井辅助运输多采用无轨胶轮车,胶轮车一般使用柴油作为燃料,而柴油在燃烧过程中会产生一定量的 CO。

为了掌握 6104 工作面 CO 气体的来源,分别对采空区内 CO 气体浓度分布特点、工作面割煤前后 CO 气体浓度以及工作面底板内 CO 气体浓度分布进行了现场实测分析。通过观测结果与上隅角 CO 浓度的对比分析,得出了 6104 工作面 CO 气体的主要来源。

(1)工作面采空区 CO 气体浓度对上隅角 CO 气体浓度的影响

为了分析 6104 工作面采空区遗煤自燃产生的 CO 气体浓度对工作面回风上隅角 CO 气体浓度的影响,对 6104 工作面自 5 月 2 日至 6 月 13 日采空区 CO 气体浓度、工作面回风上隅角 CO 气体浓度以及工作面推进距离进行统计如表 7-6 所示。

表 7-6 6104 工作面自 5 月 2 日至 6 月 13 日采空区和回风上隅角 CO 气体浓度统计

日期	工作面漏风速度/(m³/s)	工作面上隅角 CO 浓度/×10⁻⁶	采空区 CO 浓度/×10⁻⁶
5 月 2 日	0.54	23.1	34.0
5 月 4 日	0.77	24.3	27.0
5 月 6 日	0.28	25	26.0
5 月 8 日	0.70	23.9	28.0

日期	工作面漏风速度/(m³/s)	工作面上隅角 CO 浓度/×10⁻⁶	采空区 CO 浓度/×10⁻⁶
5 月 10 日	0.49	28.7	37.0
5 月 12 日	0.44	25.4	29.0
5 月 14 日	0.56	25.6	30.0
5 月 16 日	0.77	31.7	28.0
5 月 18 日	0.67	35.6	90.0
5 月 20 日	0.97	38.9	88.0
5 月 22 日	0.97	39.7	73.0
5 月 24 日	1.09	35.6	31.0
5 月 26 日	1.15	23.6	36.0
5 月 28 日	1.24	26.3	30.0
5 月 30 日	0.95	22.1	50.0
6 月 1 日	0.88	23.7	46.0
6 月 3 日	0.89	23.4	35.0
6 月 5 日	0.78	19.9	38.0
6 月 7 日	0.60	25.1	39.0
6 月 9 日	0.42	23.2	42.0
6 月 11 日	0.42	22.6	35.0
6 月 13 日	0.52	21.3	40.0

根据表 7-6 所示内容,得出 6104 工作面上隅角 CO 浓度与采空区 CO 浓度以及工作面漏风强度分布曲线如图 7-15 所示。

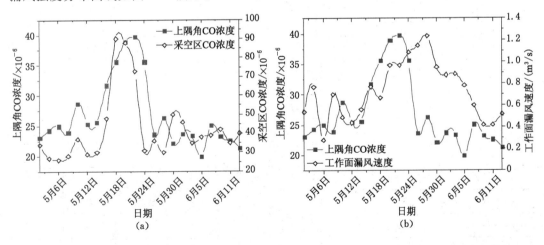

图 7-15　6104 工作面不同位置 CO 浓度及工作面漏风速度分布

(a) 采空区与上隅角 CO 浓度分布;(b) 漏风速度与上隅角 CO 浓度分布

由图 7-15 可以看出,工作面上隅角与采空区内 CO 气体浓度呈正相关关系,采空区内遗煤氧化生成的 CO 通过漏风风流进入工作面,是工作面 CO 的来源之一。防治工作面 CO 超限,可降低采空区内 CO 的产生和阻断 CO 涌向工作面。另外,工作面上隅角 CO 浓度与工作面漏风速度呈正相关关系,CO 浓度随着漏风速度的增大而增大。现场生产中,应采取相应措施控制地表采动裂缝向工作面漏风。

（2）工作面割煤对 CO 气体浓度的影响

通过对 6104 工作面开采过程中 CO 气体浓度现场观测统计,整理分析工作面割煤前后 CO 气体浓度变化如表 7-5 所示。整理分析表 7-7 所示内容,得出工作面不同位置采煤机割煤前后 CO 气体浓度变化情况如图 7-16 所示。

表 7-7　　　　　　　　　6104 工作面割煤前后 CO 气体浓度变化

日期	割煤前 CO 浓度/$\times 10^{-6}$				割煤后 CO 浓度/$\times 10^{-6}$			
	20# 支架	60# 支架断面中部	60# 支架底板	回风上隅角	20# 支架	60# 支架断面中部	60# 支架底板	回风上隅角
5 月 2 日	0	6	19	22	9	10	35	34
5 月 4 日	4	12	14	28	5	20	20	28
5 月 6 日	0	4	6	12	0	6	8	19
5 月 8 日	19	9	15	18	20	35	35	33
5 月 10 日	0	7	6	10	13	9	9	25
5 月 12 日	4	7	8	15	15	15	15	28
5 月 14 日	7	12	19	13	11	16	16	31
5 月 16 日	3	6	8	11	10	10	10	13
5 月 18 日	6	10	12	18	8	14	14	13
5 月 20 日	0	15	18	15	8	13	13	28
5 月 22 日	3	13	26	15	10	25	25	19
5 月 24 日	3	15	23	15	11	23	23	15
5 月 26 日	3	6	14	11	10	27	27	25
5 月 28 日	0	10	17	16	10	20	20	10
5 月 30 日	2	8	20	17	9	17	17	24
6 月 1 日	0	5	9	11	10	10	10	19
6 月 3 日	0	10	16	12	3	13	13	17
6 月 5 日	5	10	12	18	8	23	23	20
6 月 7 日	0	2	13	5	1	16	16	16
6 月 9 日	0	5	14	11	6	19	19	20
6 月 11 日	0	5	17	12	4	20	20	19
6 月 13 日	0	5	11	13	4	13	13	14

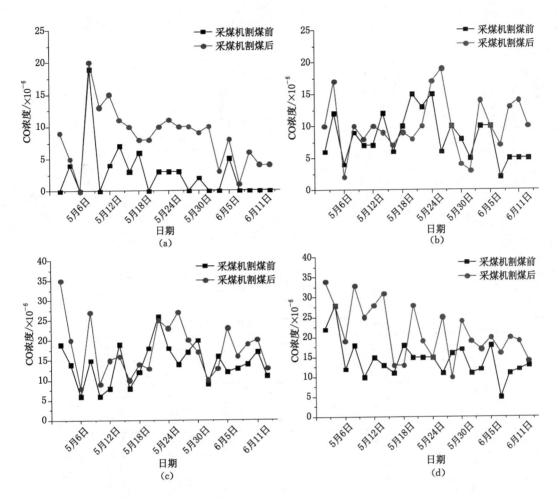

图 7-16　不同位置采煤机割煤前后 CO 气体浓度变化情况

（a）工作面 20# 支架；（b）工作面 60# 支架断面中部；（c）工作面 60# 支架底板；（d）工作面回风上隅角

由表 7-7 和图 7-16 可以看出，工作面不同位置在割煤前后，CO 气体浓度呈现不同程度的增高。工作面 20# 支架处采煤前后 CO 浓度平均增大 6×10^{-6}，工作面 60# 支架回风断面中部处采煤前后 CO 浓度平均增大 2×10^{-6}，工作面 60# 支架底板处采煤前后 CO 浓度平均增大 4×10^{-6}，工作面回风上隅角采煤前后 CO 浓度平均增大 7×10^{-6}。表明 6104 工作面在割煤过程中产生了一定量的 CO 气体，但产生量不大。

整理分析表 7-7 所示内容，得出工作面 60# 支架回风断面中部及底板处 CO 气体浓度变化情况如图 7-17 所示。

由图 7-17 可以看出，工作面底板处 CO 气体浓度大于通风断面中部。这可能是支架底部通风阻力大，CO 气体集聚造成的，也可能是工作面开采过程中底板破坏后释放 CO 气体所致，需进一步分析确定。

（3）工作面底板内 CO 气体浓度分析

为了分析工作面底板内 CO 赋存情况，在工作面不同位置底板打钻孔收集钻孔内气体进行组分分析，得出工作面底板不同位置钻孔内气体浓度如表 7-8 所示。

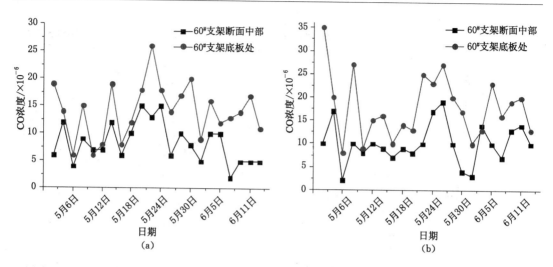

图 7-17　60#支架回风断面中部及底板处 CO 气体浓度变化情况

（a）采煤机割煤前；（b）采煤机割煤后

表 7-8　　　　　　　　　　　6104 工作面底板不同位置钻孔内气体浓度

钻孔位置	钻孔深度/m	O_2 浓度/%	CH_4 浓度/%	CO 浓度/$\times 10^{-6}$
5#支架	0.9	18.0	1.6	4.0
10#支架	1.0	16.0	1.5	11.0
15#支架	0.8	18.0	2.4	10.0
20#支架	0.6	11.5	4.3	5.0
25#支架	0.6	18.0	1.8	10.0
30#支架	0.5	17.6	0.8	13.0
35#支架	0.8	17.0	0.9	10.0
40#支架	0.7	19.0	2.0	10.0
45#支架	0.9	19.0	1.9	15.0
50#支架	0.9	13.0	1.9	16.0
60#支架	0.7	15.0	1.4	16.0
70#支架	0.6	14.0	1.6	17.0
80#支架	0.6	14.0	1.5	20.0

图 7-18 所示为工作面底板不同位置钻孔内 CH_4 与 CO 浓度分布。

由图 7-18 可以看出，工作面底板内赋存有 CO 气体，浓度在 $4 \times 10^{-6} \sim 20 \times 10^{-6}$，工作面底板不同位置 CO 赋存浓度不同，工作面 80#支架煤壁处 CO 气体浓度最大。工作面煤壁内赋存有 CH_4 气体，浓度在 0.8%～5.0%，工作面不同位置 CH_4 赋存浓度不同，工作面 20#支架煤壁处 CH_4 气体浓度最大。从以上分析可以看出，工作面开采过后，底板受到采动破坏，煤层底板内赋存的 CO 气体经过采动裂缝进入工作面。

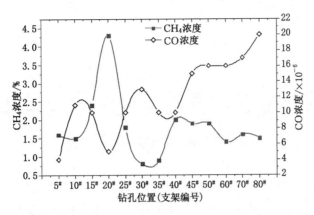

图 7-18 底板不同位置钻孔内 CH₄ 与 CO 浓度分布

8 基于覆岩导气裂缝控制的浅埋厚煤层安全开采保障技术

本章基于串草圪旦煤矿生产技术条件,分析了基于导气裂缝控制的西部浅埋煤层开采采空区遗煤自燃防治技术。依据覆岩断裂裂缝横向"三区"范围以及断裂裂缝导气能力的变化,提出了浅埋厚煤层开采地表导气裂缝封堵与地表恢复技术。根据覆岩导气裂缝形成机理及其影响因素,提出了工作面均压通风防止采空区覆岩导气裂缝漏风技术,并确定了合理的井下通风压力。根据漏风条件下采空区流场及遗煤自然发火"三带"的分布范围,提出了采空区注浆、注氮预防采空区遗煤自燃以及加快工作面推进速度预防采空区煤炭自燃。从减小承载关键层破断块体竖直下沉量及回转角度方面出发,提出了控制浅埋煤层开采损害性地裂缝产生的开采技术。通过对以上各项技术措施应用效果的现场实测分析,确定了基于覆岩导气裂缝控制的浅埋厚煤层安全开采保障技术。

8.1 浅埋厚煤层开采地表导气裂缝封堵与地表恢复

8.1.1 地表导气裂缝封堵技术原则

地表导气裂缝向工作面漏风导致采空区 CO 气体随风流进入工作面,造成工作面 CO 浓度的增大。因此,可以对地表采动裂缝进行针对性的封堵,增加裂缝内空气流动阻力,减小漏风速度,从而减缓采空区 CO 气体向工作面的集聚。另外,对地表采动裂缝进行封堵恢复,有助于地表水土保持,防止地表植被退化。

地表导气裂缝封堵技术的关键是确定需要封堵的地裂缝位置、封堵材料及填充裂缝手段等。在现场实际中,对地表导气裂缝的封堵应遵循以下原则:

① 因地制宜、重点控制。浅埋厚煤层开采工作面地表采动裂缝数量众多,应针对地裂缝导气性能及其对工作面漏风和 CO 浓度的影响,确定需重点控制的导气裂缝。

② 经济合理、便于推广。考虑到当前煤炭经济形势,应在节约生产成本与提高治理效果的基础上,提出针对性的控制措施。

③ 预防减弱、保证安全。对地表导气裂缝进行封堵不能完全阻止采空区漏风,应采取适当措施,使采空区氧化升温带维持在合理范围,保证工作面安全生产。

基于以上原则,初步确定采取采空区范围内地表填平封堵导气裂缝技术,并对导气裂缝封堵减缓采空区漏风及合理的填平封堵周期进行确定。

8.1.2 地表导气裂缝封堵技术原理及影响因素分析

对地表采动裂缝进行填平封堵,即将地表沙土或岩块填入裂缝,此时裂缝内气体流动符合多孔介质内气体流动规律。根据式(6-11)多孔介质达西定律,得出导气裂缝内导气流量受多孔介质孔隙率及渗透阻力系数的影响,即导气裂缝封堵质量直接影响地表导气裂缝的导气能力。

为了研究导气裂缝封堵密实程度对采空区漏风流速及流场的影响,基于第 7 章数值计算模型,分析导气裂缝内多孔介质黏滞阻力在 $5\times10^4\sim1\times10^7$ m^{-2} 变化时,不同裂缝封堵质量对采空区漏风风速及漏风流场的影响。图 8-1 所示为不同黏滞阻力条件下,采空区内漏风风速及漏风流场分布情况。图 8-2 为不同黏滞阻力条件下,基于漏风极限原则的采空区自燃"三带"分布情况。

由图 8-1 和图 8-2 可以看出,随着导气裂缝封堵密实程度的增大,采空区内漏风流场范围逐渐减小。当导气裂缝黏滞阻力在 $0\sim5\times10^6$ m^{-2} 范围逐渐增大时,采空区内漏风流速和漏风流场急剧减小,散热带边界在滞后工作面 $20\sim40$ m 范围变化,氧化升温带边界在滞后工作面 $45\sim85$ m 范围变化。当导气裂缝黏滞阻力在 $5\times10^6\sim1\times10^7$ m^{-2} 范围逐渐增大时,采空区内漏风流速和漏风流场变化不大,散热带边界在滞后工作面 $10\sim20$ m,氧化升温带边界在滞后工作面 $35\sim45$ m。

工作面漏风风量随导气裂缝黏滞阻力的变化曲线如图 8-3 所示。

由图 8-3 可以看出,随着导气裂缝封堵密实程度的增大,即导气裂缝黏滞阻力的增大,工作面漏风风量呈降低趋势。当导气裂缝黏滞阻力在 $0\sim5\times10^6$ m^{-2} 范围逐渐增大时,工作面漏风风量急剧减小;当导气裂缝黏滞阻力在 $5\times10^6\sim1\times10^7$ m^{-2} 范围逐渐增大时,工作面漏风风量变化不大。

考虑到地表导气裂缝填平封堵的可行性,应在保证降低采空区漏风强度及氧化升温带范围的基础上,确定采空区范围内地表导气裂缝合理的填平封堵周期,既保障地表施工现场的安全性,又减少频繁施工带来的生产成本的增加。

取覆岩导气裂缝内多孔介质黏滞阻力为 5×10^6 m^{-2},分别模拟对地表导气裂缝不同封堵距离情况下,采空区内漏风风速及漏风流场如图 8-4 所示。图 8-5 为不同封堵距离条件下,基于漏风极限原则的采空区自燃"三带"分布情况。

由图 8-4 和图 8-5 可以看出,随着地表导气裂缝封堵范围的增大,采空区内漏风流场范围逐渐减小。当导气裂缝封堵距离在 $18\sim54$ m 时,采空区散热带范围增大明显;当导气裂缝封堵距离在 $54\sim108$ m 时,采空区散热带范围增大不明显。当导气裂缝封堵距离在 $18\sim72$ m 时,采空区氧化升温带范围逐渐减小;当导气裂缝封堵距离在 $72\sim108$ m 时,采空区氧化升温带范围逐渐增大。

图 8-6 所示为工作面采空区地表各导气裂缝漏风量随导气裂缝封堵距离的变化曲线。

由图 8-6 可以看出,工作面采空区各导气裂缝漏风量随其距工作面距离的增大而降低,对地表导气裂缝进行填平封堵,能有效降低导气裂缝向采空区的漏风风量,但是会相应增大未封堵导气裂缝的漏风量。

图 8-7 所示为工作面采空区不同封堵距离条件下工作面漏风量及采空区氧化升温带宽度变化。

由图 8-7 可以看出,除对采空区地表导气裂缝进行全部封堵外,工作面采空区地表导气裂缝封堵前后,工作面漏风风量变化不大,漏风量在 $3.2\sim4.1$ m^3/s,因此,从控制并减小工作面漏风强度角度,地表导气裂缝填平封堵不能有效降低工作面漏风量。但是,采空区内氧化升温带宽度随导气裂缝填平封堵距离的增大出现先减小后增大的趋势,参考工作面不漏风条件下采空区内遗煤自燃"三带"分布特征(见图 6-11),对滞后工作面 $40\sim90$ m 范围内

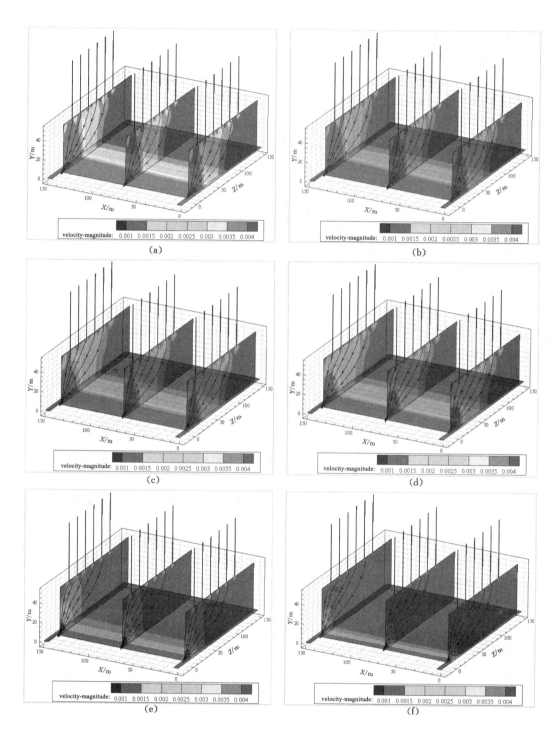

图 8-1　不同黏滞阻力条件下采空区内漏风风速及漏风流场分布情况

(a) 黏滞阻力 5×10^4 m^{-2}；(b) 黏滞阻力 1×10^5 m^{-2}；(c) 黏滞阻力 5×10^5 m^{-2}；

(d) 黏滞阻力 1×10^6 m^{-2}；(e) 黏滞阻力 5×10^6 m^{-2}；(f) 黏滞阻力 1×10^7 m^{-2}

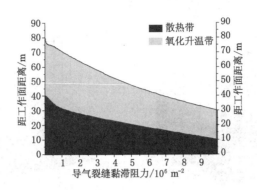

图 8-2 不同黏滞阻力条件下采空区自燃"三带"范围

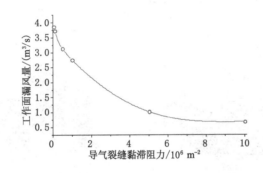

图 8-3 工作面漏风风量随导气裂缝黏滞阻力的变化曲线

地表采动裂缝进行填平封堵,可以维持采空区内氧化升温带范围在合理区间内,确保工作面安全生产。

综合以上分析,初步确定工作面采空区地表导气裂缝填平封堵一般滞后工作面 40 m,施工周期为工作面每推进 50 m。

8.1.3 现场工业性试验及应用效果分析

2014 年 2 月 24 日,6106 工作面 CO 涌出异常,回风流 CO 气体浓度达到 100×10^{-6},工作面漏风量约为 4.5 m³/s。现场首先采取封堵地表采动导气裂缝,由于工作面地表为岩石覆盖层,地表封堵效果不理想,裂缝封堵后工作面漏风量没有明显降低,且回风流 CO 气体浓度降低不理想。图 8-8 所示为 6106 工作面地表采动裂缝封堵效果现场图。

6104 工作面生产期间,工作面每推进 100~200 m,即对采空区地表采动裂缝进行填平封堵,工作面漏风量一般在 1.3~4.2 m³/s,漏风量相比于 6106 工作面有一定程度减小,工作面回风流 CO 气体浓度一般在 30×10^{-6}~80×10^{-6}。因此,地表导气裂缝填平封堵对工作面漏风和工作面 CO 气体浓度的控制有一定的积极作用。受到施工质量限制,地表导气裂缝填平封堵技术并不能从根本上防治工作面漏风与 CO 气体浓度的升高。但是,考虑地表采动裂缝对采空区地表地貌的恢复、水土保持以及植被的恢复,应确保此项技术的实施。图 8-9 所示为 6104 工作面地表采动裂缝封堵效果及地表植被恢复情况。

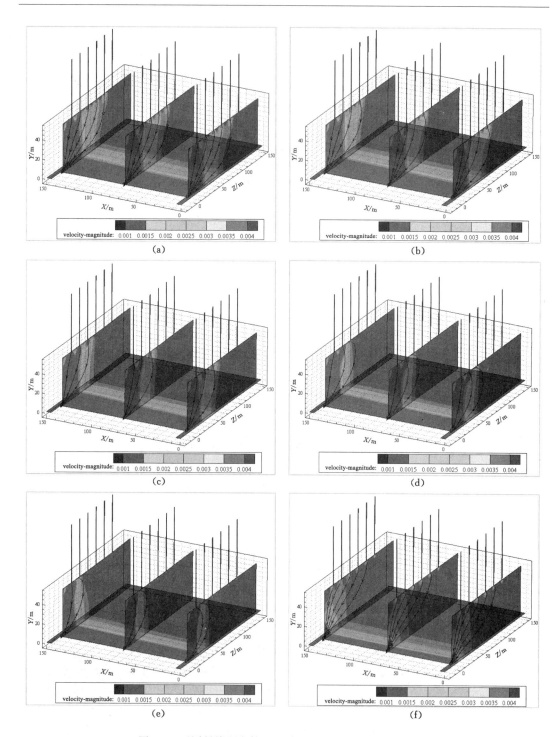

图 8-4　不同封堵距离情况下采空区漏风风速及漏风流场

(a) 封堵工作面后方 108 m 裂缝；(b) 封堵工作面后方 90～108 m 裂缝；

(c) 封堵工作面后方 72～108 m 裂缝；(d) 封堵工作面后方 54～108 m 裂缝；

(e) 封堵工作面后方 36～108 m 裂缝；(f) 封堵工作面后方 18～108 m 裂缝

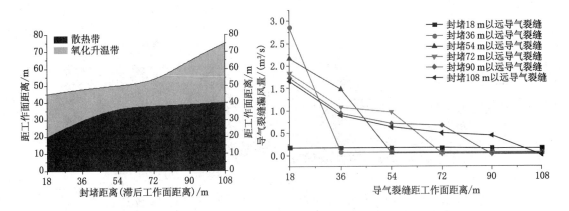

图 8-5 不同封堵距离情况下采空区
自燃"三带"范围

图 8-6 各导气裂缝漏风量随导气裂缝封堵
距离的变化曲线

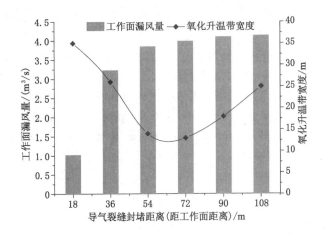

图 8-7 不同封堵距离条件下工作面漏风量及采空区氧化升温带宽度变化

(a)   (b)

图 8-8 6106 工作面地表采动裂缝封堵效果
(a) 地表破碎岩石；(b) 地表裂缝封堵效果

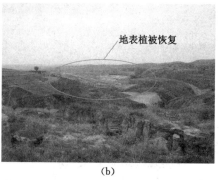

(a)   (b)

图 8-9　6104 工作面地表采动裂缝封堵效果及地表植被恢复情况
(a) 地表裂缝封堵效果;(b) 地表植被恢复情况

8.2　工作面增压通风防止采空区覆岩导气裂缝漏风

8.2.1　增压通风防止地表漏风原理分析

西部浅埋煤层开采矿井一般采用负压通风,工作面与地表导气裂缝存在压力差是地表采动裂缝向采空区与工作面漏风的根本原因。地表漏风风流通过采空区,并携带采空区有害气体进入工作面,威胁工作面的安全生产。为此,根据工作面通风系统,对工作面进行增压通风,可以减少地表导气裂缝向采空区与工作面漏风,防止采空区遗煤的自燃及 CO 气体涌出。

根据式(6-23)和式(6-24),增压通风可以减小覆岩导气裂缝两端压力差 Δp,减小工作面漏风量及采空区漏风流场流速。基于第 7 章数值计算模型,分析井上下压力差在 $800 \sim -400$ Pa 变化时,工作面采空区相对压力分布及漏风流场见图 8-10。

由图 8-10 可以看出,随着工作面增压通风压力的增大,采空区内靠近工作面侧与地表导气裂缝处相对压力差逐渐降低。当井上下相对压力差在 $800 \sim 0$ Pa 之间时,工作面相对压力小于地表导气裂缝处,工作面漏风风流自采空区地表向采空区与工作面流动。当井上下相对压力差为 0 Pa 时,工作面相对压力与地表导气裂缝处相差不大,工作面风流基本沿工作面自进风巷向回风巷流动。当井上下相对压力差在 $0 \sim -400$ Pa 之间时,工作面相对压力大于地表导气裂缝处,工作面漏风风流自工作面向采空区流动,并经过导气裂缝流出地表。

图 8-11 为井上下压力差不同时,基于漏风极限原则的采空区自燃"三带"分布情况。

由图 8-11 可以看出,随着工作面增压通风强度的增大($\Delta p = 800 \sim 0$ Pa),采空区内散热带与氧化升温带宽度逐渐降低。当井上下压力差 $\Delta p = 0$ Pa 时,采空区内基本不存在漏风风流。当井下压力大于地表压力($\Delta p = 0 \sim -400$ Pa)时,漏风风流自工作面向采空区流动,且采空区内散热带与氧化升温带宽度随井下压力的增大而增大。

图 8-12 所示为工作面漏风量及采空区氧化升温带宽度随井上下压力差 Δp 的变化曲线。

由图 8-12 可以看出,随着增压通风强度的增大,井上下压力差减小,工作面漏风量逐渐

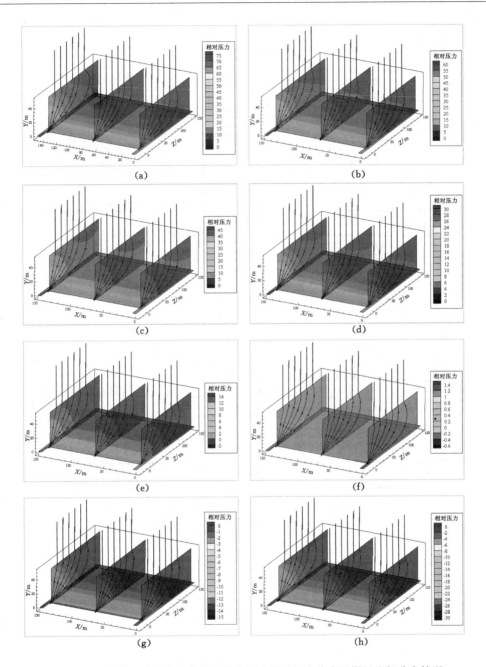

图 8-10　不同井上下压力差条件下采空区内相对压力分布及漏风流场分布情况

(a) $\Delta p = 800$ Pa；(b) $\Delta p = 640$ Pa；(c) $\Delta p = 480$ Pa；(d) $\Delta p = 320$ Pa；

(e) $\Delta p = 160$ Pa；(f) $\Delta p = 0$ Pa；(g) $\Delta p = -160$ Pa；(h) $\Delta p = -320$ Pa

减小，且当工作面压力大于地表压力时，工作面向采空区漏风，增压通风有助于防止浅埋厚煤层开采地表采动裂缝向工作面漏风。当工作面压力低于地表压力且压力差不断缩小时，采空区内氧化升温带宽度不断减小，而当工作面压力大于地表压力且压力差不断增大时，采空区内氧化升温带宽度呈增大趋势。参考工作面不漏风条件下采空区内遗煤自燃"三带"分布特征（见图 7-11），工作面增压通风，保持井上下压差在 160～-80 Pa，可以维持采空区内

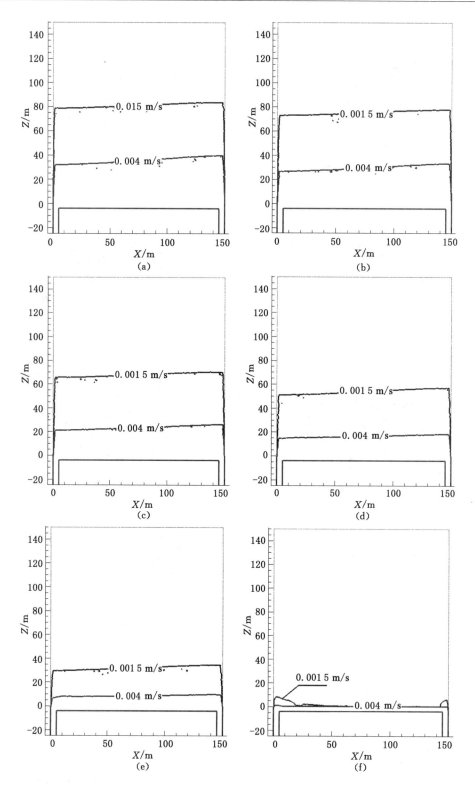

图 8-11　不同井上下压力差条件下采空区自燃"三带"划分

(a) $\Delta p = 800$ Pa；(b) $\Delta p = 640$ Pa；(c) $\Delta p = 480$ Pa；(d) $\Delta p = 320$ Pa；(e) $\Delta p = 160$ Pa；(f) $\Delta p = 0$ Pa

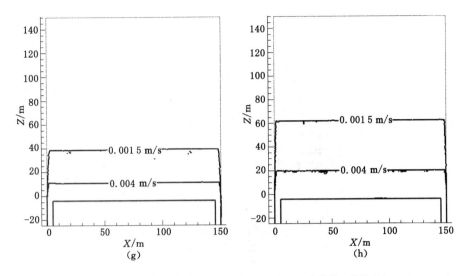

续图 8-11　不同井上下压力差条件下采空区自燃"三带"划分

(g) $\Delta p = -160$ Pa；(h) $\Delta p = -320$ Pa

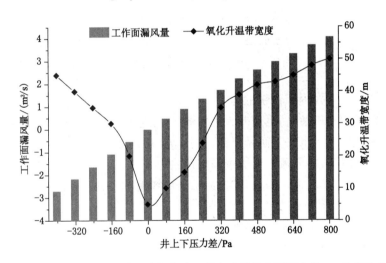

图 8-12　工作面漏风量及采空区氧化升温带宽度随井上下压力差 Δp 的变化曲线

氧化升温带范围在合理区间内,确保工作面安全生产。

综合以上分析,在保证工作面安全通风要求的基础上,实施增压通风,并保持井上下压差在 160～-80 Pa,可有效防止采空区地表向工作面漏风,并能控制采空区氧化升温带宽度,减缓采空区遗煤自燃速度。

8.2.2　试验工作面增压通风系统的建立

(1) 6104 工作面通风系统概况

6104 工作面通风系统如图 8-13 所示,图中主运巷为进风巷,辅运巷为回风巷。

工作面正常通风路线为:

进风路线:地面→主、辅运斜井→主、辅运大巷→工作面主运巷→工作面。

回风路线:工作面→工作面辅运巷→6104 回风绕道→6 煤回风大巷→回风斜井→地面。

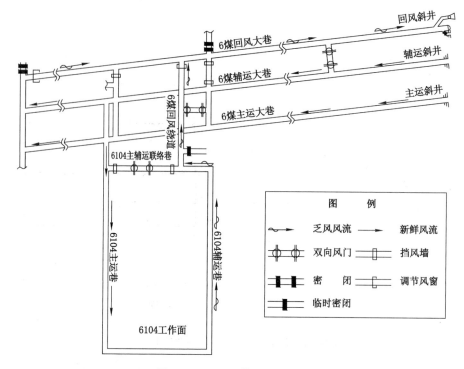

图 8-13　6104 工作面通风系统

（2）6104 工作面增压通风系统的建立

由于工作面采用负压通风，主运巷为进风巷，辅运巷为回风巷，进回风巷存在压力差，进风巷风流会通过采空区后也进入回风巷侧，并将采空区内部分有害气体带出。另外，随着工作面的推进，地表塌陷裂缝漏风也将通过采空区进入工作面，采空区漏风量增大，氧化自燃性增强，工作面有害气体增多。因此，维持原工作面风量，对工作面进行升压调节，以增大工作面压力，减少采空区地表漏风。

6104 工作面增压通风系统的建立如下：

① 在 6104 回风绕道利用现有调节风窗，通过加固，实现可控增压系统。在调节风窗两侧安设 U 形水柱压差计。辅运巷初始风量控制在 800 m^3/min，根据增压系统形成后 CO 涌出的实际情况进行合理调整。

② 安设 4 台型号为 FBD NO8.0/2×55 kW 局部通风机，其中，在 6104 工作面主运巷外口的 6 煤主、辅运大巷联络巷中安设 3 台，另外一台安设在 6 煤主运大巷中，2 台使用，2台备用。同时，在 6104 主运巷 90 m 位置构建两道调节风窗，风筒自局部通风机出风口引出沿主运巷敷设，穿过 2 道调节风窗，并往里继续延伸 50 m，然后开启增压局部通风机。

③ 随着增压局部通风机不断向工作面供风，增加工作面风压，依据现场测定工作面进、回风量，调节 6104 回风绕道调节风窗、风压的方式，使工作面进、回风风压基本平衡稳定，实现增压状态，抑制 CO 气体涌出，6104 工作面增压通风系统见图 8-14。

8.2.3　试验工作面增压通风现场应用效果

2015 年 4 月 24 日 14 点，6104 工作面 CO 超标，浓度最高达 $100×10^{-6}$。2015 年 4 月25 日，四点班开启两台局部通风机，进行增压通风，为了检测 6104 工作面增压通风对工作

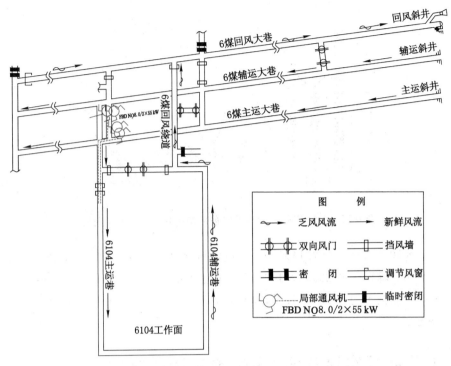

图 8-14 6104 工作面增压通风系统

面 CO 气体浓度的控制效果,现场实测 4 月 24 日至 5 月 3 日工作面平均漏风量及不同位置 CO 浓度统计如表 8-1 所示。根据表 8-1 所示内容,得出 6104 工作面增压通风前后漏风量及不同位置处 CO 浓度变化情况如图 8-15 所示。

表 8-1 　　　　　　　　 4 月 24 日至 5 月 3 日工作面平均漏风量及 CO 浓度统计

日期	工作面漏风参数/(m³/s)			工作面 CO 浓度/×10⁻⁶		
	进风巷风量	回风巷风量	工作面漏风量	20# 支架	50# 支架	上隅角
4 月 24 日	9.86	14.36	4.50	41.67	55.56	59.07
4 月 25 日	10.56	13.30	2.74	20.56	50.22	82.44
4 月 26 日	10.42	13.39	2.97	37.67	71.83	71.83
4 月 27 日	9.69	11.62	1.93	31.50	83.13	62.13
4 月 28 日	10.76	11.70	0.94	7.33	57.58	72.00
4 月 29 日	11.31	12.05	0.74	17.09	15.52	18.15
4 月 30 日	10.86	11.78	0.91	3.92	31.25	33.25
5 月 1 日	11.66	12.34	0.68	6.00	25.40	24.80
5 月 2 日	11.36	11.90	0.54	4.30	23.40	27.80
5 月 3 日	11.35	12.12	0.77	4.38	19.23	25.92

由图 8-15 可以看出,采用增压通风后,工作面漏风量从 4 月 25 日的 4.50 m³/s 降低至 4 月 28 日的 1.00 m³/s 以下。工作面漏风量降至 1.00 m³/s 以下后,20# 支架处 CO 浓度从

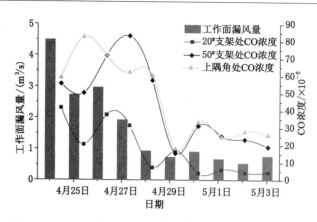

图 8-15 6104 工作面增压通风前后漏风量及 CO 浓度变化

最大值 41.67×10^{-6} 降至平均 7.14×10^{-6},CO 浓度降低 82.9%。$50^{\#}$ 支架处 CO 浓度从最大值 83.13×10^{-6} 降至平均 22.96×10^{-6},CO 浓度降低 72.4%。上隅角处 CO 浓度从最大值 82.44×10^{-6} 降至平均 25.98×10^{-6},CO 浓度降低 68.5%。工作面采用增压通风后,CO 浓度降低明显。

8.3 工作面采空区注浆、注氮预防遗煤自燃

为了预防多漏风条件下采空区遗煤发生自燃,提出了采空区注浆、注氮预防采空区遗煤自燃。通过现场工业性试验,对采空区注浆预防工作面 CO 气体浓度超限的控制效果进行了分析,并根据漏风条件下采空区流场及流速分布特征,确定了采空区内合理的注氮量及注氮口位置。

8.3.1 工作面采空区注浆预防遗煤自燃

注浆就是将不燃性注浆材料(黏土,粉碎的页岩、飞灰等固体材料)细化后与水混合,配置成一定浓度的悬浮液,利用动压或静压,借助钻孔、管路注入,或者直接喷洒在采空区内[239,240]。浆液能够渗透到煤和矸石的缝隙中,增大氧气的扩散阻力,缩小煤与氧气接触的反应面,降低采空区内的孔隙率,增强碎煤和矸石的胶结性,增大漏风的阻力,提高区域内的气密性,从而减少采空区的漏风。

注浆不仅能够减少采空区的漏风,同时还起到防治遗煤自燃的作用,由于井下条件复杂,加之要保证浆体注入之后矿井的安全性以及注浆的适用性、经济性、方便性的特点,浆体选择为黄泥浆。

(1)黄泥注浆系统防灭火设计

① 注浆系统

地面工业广场建立注浆站,配置 FMH-60T 全自动黄土注浆系统,注浆系统由定量给料机、水泵、制浆机、滤浆机、流量计、输浆管网系统和悬浮剂添加机组成。黄土通过装载机给定量给料机,然后通过上料架送往制浆机,制浆机用水泵加水搅拌形成浆液,浆液通过滤浆机将合格浆液与残渣分离,残渣清理运走,合格浆液通过渣浆泵经过注浆管路输送到注浆地点。

注浆管路铺设路线:地面注浆站(DN150 焊管)→6 煤回风大巷(DN150 焊管)→6104 回风绕道(DN100 焊管)→6104 辅运巷(DN100 焊管)→采空区。

② 注浆方法

注浆方法采用随采随注浆,即随采煤工作面推进的同时向采空区灌注泥浆。在注浆工作中,注浆与回采保持适当距离,以免注浆影响回采工作。

采用埋管注浆法,工作面上隅角沿采空区底板预先铺好注浆管路,工作面每推进 100 m,重新埋管注浆。

③ 注浆参数选择

注浆分为两班注浆,每天注浆时间为 10 h。

工作面日注浆所需黄土量由下式确定:

根据工作面参数,计算需黄土量如下:

$$Q_t = KMIHC \tag{8-1}$$

式中 Q_t——工作面日注浆所需黄土量,m^3/d;

M——煤层采高,12.7 m;

I——工作面日推进度,4.0 m/d;

H——注浆区工作面倾斜长度,150 m;

C——工作面回采率,93%;

K——注浆系数,根据矿区实际情况,取 0.01。

根据式(8-1),计算可得 6104 工作面日注浆所需黄土量为 72.25 m^3/d。

注浆日用水量由下式计算得出:

$$Q_s = K_s Q_t \delta \tag{8-2}$$

式中 Q_s——日注浆所需水量,m^3/d;

δ——水土比,4:1;

K_s——用于冲洗管路防止堵塞的水量备用系数,1.2。

根据式(8-2),计算可得 6104 工作面日注浆用水量为 346.8 m^3/d。

日注浆量可用下式计算:

$$Q_{tj} = M(Q_s + Q_t R) \tag{8-3}$$

式中 Q_{tj}——日注浆量,m^3/d;

M——泥浆制成率,取 0.95;

R——土与水混合时体积改变系数,根据实验,水土比大于 1:1 时,R 约为 0.4。

根据式(8-3),计算可得 6104 工作面日注浆量为 376.65 m^3/d,工作面每小时注浆量: $376.65 \div 10 = 37.67$ m^3/h。

(2)黄泥注浆效果现场实测分析

6104 工作面于 6 月 16 日停止增压通风,恢复负压通风状态,工作面 CO 气体浓度显著增大。因此,自 6 月 21 日至 6 月 28 日进行工作面注浆,并于 6 月 24 日恢复增压通风,工作面采空区注浆相关参数如表 8-2 所示。由表 8-2 可以看出,6 月 21 日至 6 月 28 日期间,6104 工作面日注浆量在 62~116 m^3。

对 6104 工作面注浆期间每天不同时刻各个位置 CO 浓度进行现场观测,数据如表 8-3 所示。

根据表 8-2 和表 8-3 所示内容,整理分析注浆期间工作面 CO 浓度随时间变化曲线如图 8-16 所示。

表 8-2　　　　　　　　　　6104 工作面注浆时间及用量统计

日期	开始时间	结束时间	注浆量/m³
6 月 21 日上午	8:15	9:25	48.9
6 月 21 日下午	15:55	16:40	31
6 月 22 日上午	8:00	8:36	42
6 月 22 日下午	14:10	15:20	49
6 月 23 日	12:36	13:45	62
6 月 27 日上午	8:05	9:45	79
6 月 27 日下午	14:00	14:40	37
6 月 28 日	8:24	10:05	91

表 8-3　　　　　　　　注浆期间 6104 工作面 CO 浓度变化　　　　　　　$\times 10^{-6}$

日期	时间	10#架	20#架	30#架	40#架	50#架	60#架	70#架	80#架	上隅角
6 月 21 日	1:49	2	5	8	14	240	180	30	30	32
	3:37	36	44	76	78	82	80	76	64	29
	5:32	0	2	8	14	160	120	29	30	35
	7:26	5	10	16	23	150	120	35	32	34
	9:00	25	81	100	115	115	125	130	40	42
	11:15	22	17	19	22	78	105	124	22	25
	13:10	32	45	48	60	120	135	70	56	26
	15:40	28	39	44	51	160	135	70	60	28
	17:16	9	8	8	18	180	150	44	40	35
	19:10	50	90	100	120	175	180	160	60	60
	21:12	15	22	32	37	190	170	70	90	80
	23:15	13	25	28	36	140	195	80	95	60
6 月 22 日	1:34	15	35	50	60	130	120	76	62	3
	3:27	110	126	120	145	180	160	130	90	50
	5:30	25	38	38	49	160	140	100	78	45
	7:30	25	30	42	50	126	110	48	45	47
	9:20	95	140	85	120	100	130	100	95	20
	11:00	16	24	20	28	120	120	40	50	28
	12:50	15	13	10	15	160	150	26	28	38
	14:57	16	20	17	22	80	120	40	36	32
	17:12	0	6	14	16	170	150	46	40	60
	19:20	140	120	110	120	140	185	140	120	80
	21:25	0	15	27	36	80	190	55	90	65
	23:16	7	12	15	30	150	160	60	70	80

日期	时间	10#架	20#架	30#架	40#架	50#架	60#架	70#架	80#架	上隔角
6月23日	1:20	0	5	7	9	130	160	32	44	52
	3:20	46	80	100	110	140	170	124	120	68
	5:30	0	6	7	10	160	170	40	42	80
	7:40	0	7	9	10	35	150	32	40	45
	9:40	0	30	38	18	25	140	80	65	26
	11:10	0	0	4	10	70	140	28	26	38
	13:14	0	2	4	10	80	140	22	28	40
	15:06	0	5	5	15	90	115	36	30	45
	16:52	0	7	9	14	190	190	35	40	60
	19:10	70	80	80	110	180	190	150	110	160
	21:14	0	4	10	24	130	160	42	45	50
	23:12	8	10	14	25	140	170	55	50	70
6月27日	1:30	0	0	5	7	35	50	27	40	65
	3:25	10	15	18	27	32	50	75	60	70
	5:25	0	3	7	9	30	32	17	20	40
	7:26	0	0	3	6	19	28	10	14	26
	9:20	6	10	13	18	20	38	40	38	29
	11:25	0	4	6	7	22	40	15	18	37
	13:19	0	5	7	9	35	40	22	26	75
	15:22	0	5	8	10	36	42	21	30	49
	17:05	0	3	10	20	46	45	40	30	46
	19:15	31	40	50	44	50	55	60	75	90
	21:15	0	5	8	20	38	45	36	34	70
	23:05	0	4	6	15	40	40	25	20	70
6月28日	1:18	0	0	3	6	32	30	10	13	22
	3:32	13	29	37	33	35	30	50	50	75
	5:28	0	0	6	11	30	38	15	16	20
	7:21	0	0	4	4	20	15	7	9	23
	9:05	5	11	20	27	19	15	20	35	30
	10:58	0	0	3	6	17	20	7	9	23
	13:15	0	0	5	6	16	21	9	7	21
	15:08	0	0	0	5	15	19	5	5	25
	17:05	0	0	0	0	14	13	4	5	15
	19:20	0	0	8	14	13	8	5	25	45
	21:12	0	0	0	0	11	9	3	4	15
	23:15	0	0	0	3	12	7	4	5	18

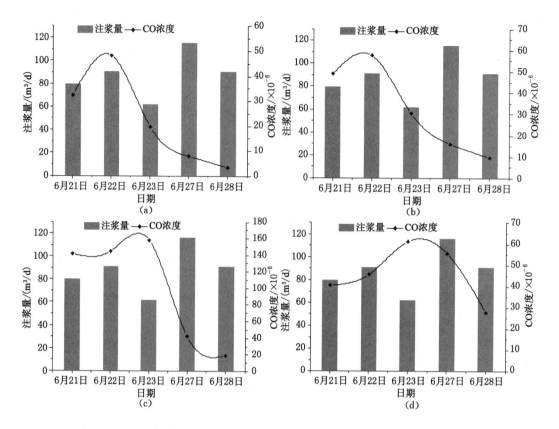

图 8-16 注浆期间工作面不同位置 CO 浓度变化曲线

(a) 20# 支架;(b) 40# 支架;

(c) 60# 支架;(d) 上隅角 CO 平均浓度

图 8-17 所示为工作面漏风量在 6 月 21 日至 6 月 29 日期间变化情况。不考虑增压通风对工作面漏风及 CO 气体浓度的影响,6104 工作面 6 月 21 日至 6 月 23 日注浆期间,工作面 CO 气体浓度减小不明显,这表明采空区黄泥注浆不能有效控制采空区漏风,对工作面 CO 气体浓度的控制作用效果不理想,但可在一定程度上预防采空区遗煤自燃。

8.3.2 工作面采空区注氮预防遗煤自燃

采空区注氮预防遗煤自燃及 CO 气体浓度超限的实质是向采空区氧化升温带内注入纯度为 97% 以上的高浓度氮气,使采空区内 O_2 含量降低,从而抑制煤炭氧化,达到预防 CO 气体浓度继续升高的目的。

(1) 注氮量的确定

采空区注氮首先要确定合理的注氮量,根据经验公式[241-243],6104 工作面采空区注氮量可由以下公式计算:

① 按产量计算

$$\overline{q} = \frac{A}{24\rho T \eta_1 \eta_2}\left[\frac{C_1}{C_2} - 1\right] \tag{8-4}$$

式中 $\overline{q}$——注氮强度,m^3/h;

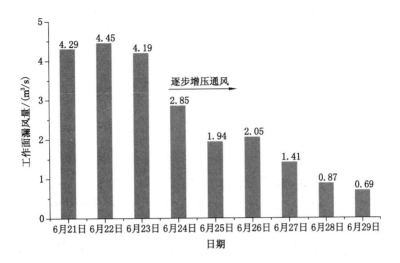

图 8-17　6 月 21 日至 6 月 29 日期间工作面漏风量变化

A——工作面年产量,取 240 万 t;

ρ——煤的密度,取 1.43 t/m³;

T——年工作日,取 330 d;

η_1——管路输氮效率,取 0.9;

η_2——采空区注氮效率,取 0.5;

C_1——空气中的 O_2 含量,取 21%;

C_2——采空区防火惰化指标,取 O_2 含量 7%。

根据式(8-4),计算得 6104 工作面注氮流量为 942 m³/h。

② 按瓦斯量计算

$$\bar{q} = \frac{60QC'}{0.1 - C'} \tag{8-5}$$

式中　$\bar{q}$——注氮强度,m³/h;

Q——工作面风量,取 800 m³/min;

C'——工作面回风巷中的瓦斯浓度,取 0.07%。

根据式(8-5),计算得 6104 工作面注氮流量为 338 m³/h。

③ 按吨煤注氮量计算

$$\bar{q} = q'Lhl\rho C/24 \tag{8-6}$$

式中　$\bar{q}$——注氮强度,m³/h;

q'——吨煤注氮,取 5 m³/t;

L——采煤工作面长度,取 148 m;

h——煤层平均厚度,取 12.8 m;

l——工作面日推进度,取 3.2 m/d;

ρ——煤的密度,取 1.43 t/m³;

C——工作面回采率,取 93%。

根据式(8-6),计算得 6104 工作面注氮流量为 1 679 m³/h。

④ 按采空区氧化带 O_2 含量计算

$$\bar{q} = \frac{(C_1 - C_2)Q}{C_{N_2} + C_2 - 1} \tag{8-7}$$

式中　$\bar{q}$——注氮强度，m^3/h；

　　　　Q——采空区氧化带漏风量，取 $1\ 000\ m^3/h$；

　　　　C_{N_2}——N_2 纯度，取 97%；

　　　　C_1——空气中的 O_2 含量，取 16%；

　　　　C_2——采空区防火惰化指标，取 O_2 含量 7%。

根据式(8-7)，计算得 6104 工作面注氮流量为 $2\ 250\ m^3/h$。

工作面采空区注氮流量过小，不能有效地惰化采空区内的散热带和氧化带，达不到防止采空区中煤炭自然发火目的。然而由于采空区漏风风流方向指向工作面，采空区注氮流量过大，会造成氮气大量泄漏，造成工作地点缺氧。但是结合采空区内漏风流场及流速分布规律，选取合理的注氮口位置，可防止采空区内氮气的泄露。因此，根据注氮量最大值原则，确定 6104 工作面注氮量为不小于 $2\ 000\ m^3/h$，氮气纯度为 97% 以上。

（2）注氮口位置的确定

多漏风条件下采空区氮气释放口位置的选择既要保证采空区惰化效果，同时更要预防泄露氮气随漏风风流进入工作面，影响安全生产。根据上述对漏风条件下采空区漏风流场及流速分布的研究结果及相关研究，在考虑采空区"三带"分布、氮气有效扩散半径以及工作面动态推进等条件下，得出采空区内注氮口距工作面的合理距离 L 计算公式如下：

$$L = L_{散热带} + R + 3\ 600v't - L_C \tag{8-8}$$

式中　$L_{散热带}$——采空区散热带宽度，m；

　　　　R——氮气的有效扩散半径，m；

　　　　v'——采空区氧化升温带漏风流速，m/s；

　　　　t——工作面循环进尺平均用时，h；

　　　　L_C——工作面循环进尺，m。

采空区内注入氮气的有效扩散半径[242,,245]可用下式计算：

$$R = \sqrt[3]{\frac{3qt}{2\pi C}} \tag{8-9}$$

式中　q——注氮强度，m^3/h；

　　　　t——工作面循环进尺平均用时，h；

　　　　C——氮气在空气中的危险质量分数值，$\%$。

联立式(8-8)和式(8-9)可得：

$$L = L_{散热带} + \sqrt[3]{\frac{3qt}{2\pi C}} + 3\ 600v't - L_C \tag{8-10}$$

取 $v' = 0.001\ 5 \sim 0.004\ m/s$，$t = 4\ h$，$L_C = 0.8\ m$，根据式(8-10)计算得出采空区注氮口距工作面的合理位置区间如图 8-18 所示。

（3）注氮工艺与安全保障措施

① 注氮工艺

通过 6104 综放工作面进风侧沿采空区埋设厚壁钢管作为注氮管路，利用工作面的转载

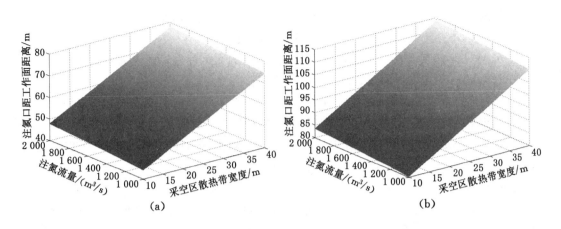

图 8-18 6104 工作面采空区注氮口距工作面的合理位置区间
(a) 最小距离；(b) 最大距离

机机尾进行拖管注氮。注氮管随着工作面推进而移动，使其始终埋入采空区内深度不小于 80 m。被埋入管路连接口必须加固，以防脱扣导致氮气泄漏，采空区内末端钢管为 12 m 长的花管，管口封堵，以利于氮气扩散。

输氮线路：地面制氮机→回风斜井→6 煤回风大巷→6104 回风绕道→6104 主、辅运联络巷→6104 主运巷→采空区（管路敷设示意如图 8-19 所示）。

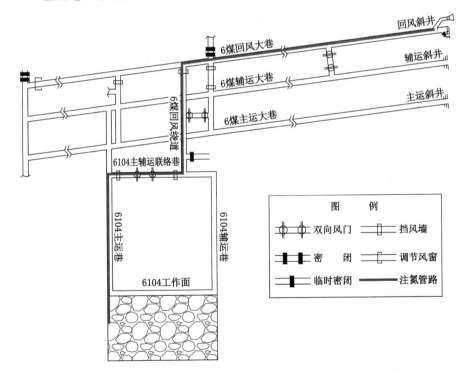

图 8-19 6104 工作面注氮管路敷设示意图

管路敷设要求如下：

　　a. 管路的敷设应尽量减少拐弯,要求平、直、稳,接头不漏气,每节钢管的支点不少于两点,每节软管的吊挂不少于 4 点,不允许在管路上堆放他物。

　　b. 6104 主运巷与 6104 主、辅运联络巷输氮管路的交叉处应设置三通和截止阀及压力表监测注氮压力,并定期对输氮管路进行试压检漏。

　　c. 回风斜井至 6104 回风绕道口为 $\phi159$ mm 厚壁钢管,6104 回风绕道口至转载机头为 $\phi108$ mm 钢管,转载机头至机尾段采用耐压橡胶软管,以利于调节管路长度,拖管为 $\phi108$ mm 钢管。软管与钢管连接处用双股 $10^\#$ 铁丝绑紧,每个接口绑扎不少于两道,确保不漏气。

　　② 注氮方式

　　采用连续注氮方式,开放性注氮,氮气纯度不得低于 97%。注氮气期间安排一名专职瓦斯检查员现场检测瓦斯、CO、O_2 等气体浓度。检查地点包括架间、上隅角、回风巷等处。当 O_2 浓度低于 20% 时(最低不得小于 18.5%),应立即通知注氮机司机停止注氮。当 O_2 浓度恢复到 20% 以上时,方可恢复注氮。

　　③ 注氮操作程序

　　井下注氮地点操作顺序:安全检查→打电话要求供氮气→打开阀门注氮→检测记录 O_2、CO 等气体变化情况。

　　注氮泵操作顺序:安全检查→开启制氮机组→正常供气。

　　④ 其他安全保障措施

　　a. 安装注氮管路时,要对管路进行检查,及时排除管路中的积水、杂物。

　　b. 注氮管路系统投入使用前必须进行压力试验,确保密封不漏气。

　　c. 注氮管路要有明显标识,禁止无关人员私拆乱动。

　　d. 开制氮机前,应检查制氮机的各种仪器仪表是否完好,通往井下的三通阀门是否处于关闭状态。

　　e. 向井下送氮气前,须经过地面的氮气传感器检查 N_2 浓度,N_2 浓度不得低于 97%,低于 97% 时,严禁向井下送 N_2。

　　f. 注氮工进入工作地点前,应首先检查注氮管路连接情况、O_2 浓度及巷道顶帮支护的情况,确认安全后,方可正常操作。

　　g. 注氮过程中,注氮工要携带多功能气体检测仪,随时检测 O_2 浓度及注氮管路系统,发现 O_2 浓度低于 18.5% 和有漏气要及时处理。

　　h. 每次拖管前必须通知注氮泵司机停止注氮,以防管路脱节造成氮气泄漏,熏伤人员。拖管结束后,检查管路密封,确保无漏气后方可恢复注氮。

　　i. 当瓦斯员检查发现 CO 浓度超过 0.002 4% 或 O_2 浓度小于 18.5% 时,必须立即撤离受威胁地点所有人员,并汇报调度室。

　　j. 地面束管监测系统监控分析 6104 综放工作面采空区、上隅角等处的气体成分,监测采空区内 O_2 浓度是否控制在 3%~7% 之间,以便验证注氮效果。

　　k. 受注氮影响区域:工作面下出口、6104 主运巷、6 煤回风大巷、回风斜井。

　　l. 避灾路线:工作面→6104 主运巷→6 煤辅运大巷→辅运斜井→地面。
　　　　　　　工作面→6104 主运巷→6 煤主运大巷→主运斜井→地面。

8.4 保证工作面推进速度预防采空区遗煤自燃

工作面在开采煤层最短自然发火期内的推进距离 L 可用下式计算:

$$L = t_{\min} v \tag{8-11}$$

式中　$t_{\min}$——生产工作面开采煤层最短自然发火期,d;

　　　　v——生产工作面实际平均推进速度,m/d。

设工作面采空区内氧化升温带宽度为 L_0,当 $L_0 < L$ 时,氧化升温带内遗煤不会发生自燃;当 $L_0 > L$ 时,氧化升温带内遗煤可能发生自燃。因此,根据采空区氧化升温带宽度 L_0 及开采煤层最短自然发火期,可以计算得到保证采空区遗煤不发生自燃的安全推进速度应满足:

$$v_A > L/t_{\min} \tag{8-12}$$

当工作面的推进速度 $v \geqslant v_A$ 时,采空区浮煤就不会发生自燃。

工作面推进速度加快,可使处于氧化升温带的遗煤尽快移动到窒息带,阻止采空区遗煤发生自燃。就 6104 工作面开采实际而言,由于地表裂缝漏风的存在,导致采空区 O_2 浓度较大,距离工作面 200 m 范围内 O_2 浓度均满足自燃条件。

如果按照 CO 气体浓度和采空区漏风风速综合分析,6104 工作面采空区 85 m 以远范围为窒息带。根据 7.3.1 节现场观测结果,采空区 O_2 浓度从工作面附近的 20% 降到 14% 左右,其平均值为 16.5% 以下。按空气中 O_2 浓度为 21% 时遗煤的自然发火期为 25 d 计算,则当采空区内平均 O_2 浓度为 15% 时遗煤的自然发火期为 $25 \times 21\%/16.5\% = 31.8$ d。

按照氧化升温带宽度为 85 m 计算,要防止采空区遗煤自燃,工作面推进度应达到:$85/31.8 \sim 85/25 = 2.7 \sim 3.4$ m/d 以上。

8.5 浅埋煤层预防损害性地裂缝产生的开采技术

本节从减小承载关键层破断块体竖直下沉量及回转角度方面出发,提出了控制浅埋煤层开采损害性地裂缝产生的开采技术,并基于 4104 工作面和 6104 工作面地质赋存条件,采用 3DEC 数值模拟对其控制效果进行了分析。

8.5.1 基于开采空间周边地裂缝控制的小煤柱开采和限高开采技术

根据相关研究,浅埋煤层开采工作面四周地表将形成采动地裂缝。由于工作面回采巷道保护煤柱的存在,两相邻工作面在保护煤柱侧地表附近形成永久性地裂缝。而在工作面开切眼及停采线附近地表也将形成永久性地裂缝。这些地裂缝一般贯通地表与采空区,对工作面安全生产及地表生态环境影响较大。

针对工作面回采巷道护巷煤柱侧损害性地裂缝的控制,提出工作面回采巷道采用沿空留巷的小煤柱开采技术,基于 4104 工作面生产地质条件,对留煤柱开采和小煤柱开采条件下地表采动裂缝发育形态进行对比分析如图 8-20 所示。由图 8-20 可以看出,小煤柱开采条件下,煤柱上方承载关键层在缺少支撑作用下,将随着煤层的开采发生回转下沉并趋于稳定,此时地表不会出现明显的台阶型裂缝。

针对工作面开切眼及停采线附近损害性地裂缝的控制,提出逐步增大(减小)采高的

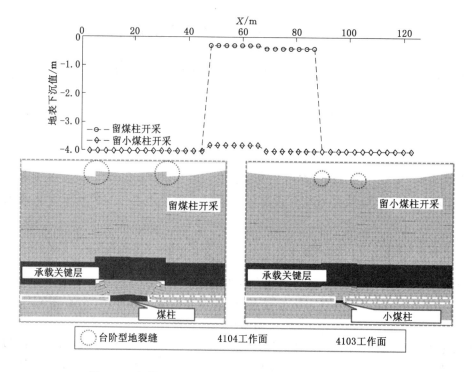

图 8-20　留煤柱开采和小煤柱开采条件下地裂缝发育形态

限制采高的开采技术。基于 4104 工作面生产地质条件,以工作面开切眼附近开采区域为例,对工作面正常开采以及逐步增大采高开采条件下地裂缝发育形态进行对比分析如图 8-21 所示,由图 8-21 可以看出,正常开采条件下,工作面开切眼附近地表采动裂缝竖直错动量达到 3.8 m 并贯通采空区,对地表生态环境损害严重。而开切眼附近采用逐步增大工作面采高即限制采高开采技术条件下,承载关键层的下沉量随着煤层采高的逐渐增大呈现分阶段下沉,且每阶段下沉量均比正常开采条件下小,此时,地表产生两条或多条采动裂缝,每条地裂缝竖直错动量均明显减小,其最大值为 1.2 m,较正常开采条件下明显降低。

8.5.2　基于开采过程中地裂缝控制的充填开采与快速推进技术

在浅埋煤层工作面开采过程中,地表将产生随工作面推进动态发育变化的地裂缝,其发育尺寸参数随承载关键层破断岩块回转下沉呈现动态性变化特征。裂缝形成后,在地表土体碎胀挤压作用下,其并不会随承载岩层破断块体运动趋于稳定而闭合,而是呈现一定的水平张开量及垂直错动量。因此,控制随工作面开采周期性产生的地表损害性地裂缝,应考虑控制相邻承载岩层破断块体回转下沉量的差值,进而防止地表损害性地裂缝的产生。

充填开采即将充填材料(如废弃矸石、超高水材料或膏体材料等)充填入工作面采空区,控制采空区覆岩垮落与地表沉陷。针对浅埋煤层工作面地裂缝控制,以矸石充填为例,分析了 4104 工作面充填开采对地表采动裂缝发育形态的控制效果如图 8-22 所示。由图 8-22 可以看出,充填开采条件下,覆岩承载关键层回转下沉值与地裂缝垂直错动量明显减小,采动裂缝对地表生态环境的影响减弱。

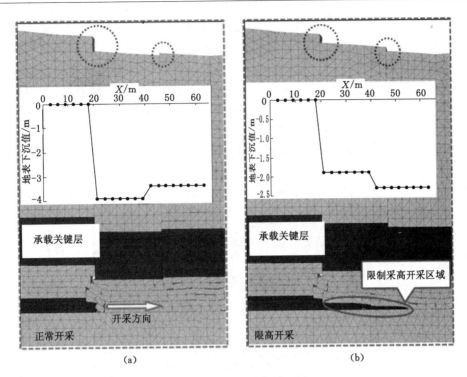

图 8-21 限制采高对浅埋煤层工作面开切眼附近地表采动裂缝发育形态影响

(a) 正常开采;(b) 限制采高开采

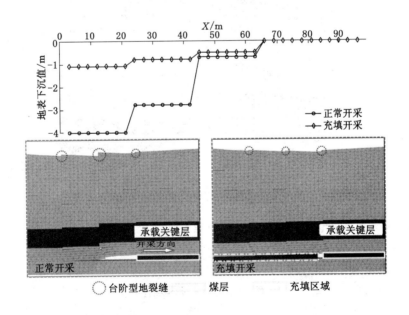

图 8-22 充填开采对地表采动裂缝发育形态的控制效果

　　浅埋煤层开采覆岩失稳运动具有时空变化特征,承载岩层破断块体回转下沉量随工作面推进和时间的推移逐渐增大至最大值。基于这一特点,加快工作面推进速度,可使采空区上方承载岩层破断块体在工作面后方一定范围内缓慢下沉,进而减小地表采动裂缝发育尺寸,减少其对地表环境的损害。图 8-23 为 4104 工作面在不同推进速度下地表采动裂缝的发育形态特征,工作面推进过程中,分别以工作面每开挖 8.0 m,3DEC 数值模拟软件计算3 000 时步、2 000 时步和 1 000 时步代表工作面的慢速、中速和快速开采。由图中可以看出,慢速推进条件下,工作面地表裂缝最大错动量为 1.6 m,中速推进条件下,工作面地表裂缝最大错动量为 0.7 m,快速推进条件下,工作面地表裂缝最大错动量为 0.4 m,慢速推进条件下,工作面上方承载岩层相邻破断块体竖直错动量以及地表采动裂缝竖直错动量均较大。随着推进速度的加快,承载岩层破断块体在采空区范围内出现缓慢下沉特征,地表采动裂缝的竖直错动量降低。

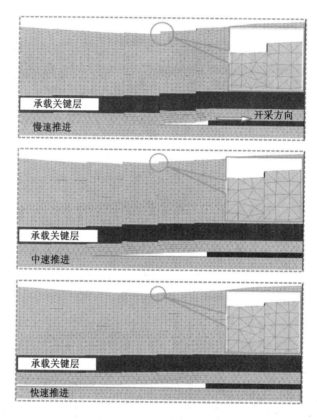

图 8-23　工作面推进速度对地表采动裂缝发育形态的影响

8.5.3　基于覆岩重复采动控制的特厚煤层分层开采技术

对浅埋特厚煤层综放开采,由于煤层一次性开采空间大,造成覆岩承载关键层破断岩块回转下沉量急剧增大,地表采动裂缝发育剧烈,对地表环境破坏严重。因此,考虑到损害性地裂缝的控制以及煤炭资源的回收率,提出浅埋特厚煤层分层开采技术,即特厚煤层分两层或三层采用综合机械化长壁开采。以 6104 工作面生产地质条件为背景,对浅埋特厚煤层综放整层开采与分层开采地裂缝发育形态进行对比如图 8-24 所示。由图中可看出,采用特厚煤层分层开采,每一分层开采厚度均比整层开采低,减小了承载岩层破断块体的回转下沉量,对地表损害性地裂缝可起到有效的控制作用。

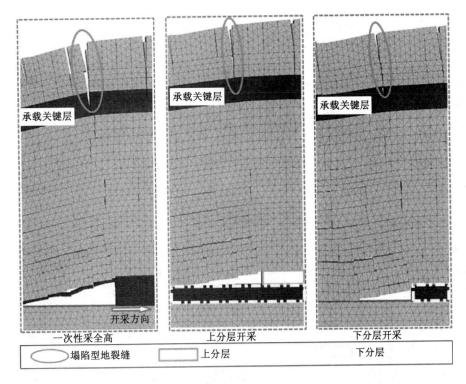

图 8-24 浅埋特厚煤层分层开采对地裂缝发育形态的控制效果

参 考 文 献

[1] 国家能源局.国家能源科技"十二五"规划(2011—2015)[R].2011.

[2] 国家能源局.煤炭行业"十二五"规划(2011—2015)[R].2012.

[3] 钱鸣高,石平五.矿山压力与岩层控制[M].徐州:中国矿业大学出版社,2003.

[4] 黄庆享.浅埋煤层长壁开采顶板结构及岩层控制研究[M].徐州:中国矿业大学出版社,2000.

[5] HUANG Qingxiang. Roof structure theory and support resistance determination of longwall face in shallow seam[J]. Journal of Coal Science & Engineering,2003,9(2):21-24.

[6] 胡振琪,王新静,贺安民.风积沙区采煤沉陷地裂缝分布特征与发生发育规律[J].煤炭学报,2014,39(1):11-18.

[7] 李彦斌,杨永康,康天合,等.浅埋易燃厚煤层综放工作面防灭火技术[J].采矿与安全工程学报,2011,28(3):477-482.

[8] 文虎.综放工作面采空区煤自燃过程的动态数值模拟[J].煤炭学报,2002,27(1):54-58.

[9] 张国枢.通风安全学[M].徐州:中国矿业大学出版社,2007.

[10] 鲜学福,王宏图,姜德义,等.我国煤矿矿井防灭火技术研究综述[J].中国工程科学,2001,12(3):28-32.

[11] 邓军.煤自然发火预测理论及技术[M].西安:陕西科学技术出版社,2001.

[12] 刘毓文.宁夏汝箕沟煤自燃机理研究[D].西安:西安矿业学院,1993.

[13] 沈茹.石圪节 15102 采面预防与控制煤自燃技术的研究[D].太原:太原理工大学,2012.

[14] 张福勇.柠条塔矿 2-2 煤自然发火特征温度及其影响因素研究[D].西安:西安科技大学,2011.

[15] 范立民.榆神府区煤炭开采强度与地质灾害研究[J].中国煤炭,2014,40(5):52-55.

[16] 黄庆享,钱鸣高,石平五.浅埋煤层顶板周期来压结构分析[J].煤炭学报,1999,24(6):581-585.

[17] 钱鸣高,缪协兴,许家林.岩层控制中的关键层理论研究[J].煤炭学报,1996,21(3):225-230.

[18] 钱鸣高,缪协兴,许家林,等.岩层控制的关键层理论[M].徐州:中国矿业大学出版社,2003.

[19] QIAN Minggao. A study of the behavior of overlying strata in longwall mining and its application to strata control[C]. Proceedings of the Symposium on Strata Mechanics.

Elsevier Scientific Publishing Company,1982:13-17.

[20] QIAN Minggao,ZHAO Guojing. The behavior of the main roof fracture in longwall mining and its effect on roof pressure[C]. Rock Mechanics(Proceedings of the 28th U. S. Symposium),1987:1123-1128.

[21] 黄庆享.浅埋煤层的矿压特征与浅埋煤层定义[J].岩石力学与工程学报,2002,21(8):1174-1177.

[22] 黄庆享,李树刚.浅埋薄基岩煤层顶板破断及控制[J].矿山压力与顶板管理,1995,13(3):22-25.

[23] 黄庆享.浅埋煤层长壁开采顶板控制研究[D].徐州:中国矿业大学,1998.

[24] 黄庆享.厚沙土层下采场顶板关键层上的载荷分布[J].中国矿业大学学报,2005,34(3):289-293.

[25] 黄庆享.浅埋采场初次来压顶板砂土层载荷传递研究[J].岩土力学,2005,26(6):881-883.

[26] 黄庆享.浅埋煤层厚沙土层顶板关键块动态载荷分布规律[J].煤田地质与勘探,2003,31(6):22-25.

[27] 侯忠杰.浅埋煤层关键层研究[J].煤炭学报,1999,24(4):359-363.

[28] 侯忠杰.组合关键层理论的应用研究及其参数确定[J].煤炭学报,2001,26(6):611-615.

[29] 侯忠杰,吴文湘,肖民.厚土层薄基岩浅埋煤层"支架-围岩"关系实验研究[J].湖南科技大学学报:自然科学版,2007,22(1):9-12.

[30] 石平五,侯忠杰.神府浅埋煤层顶板破断运动规律[J].西安矿业学院学报,1996,16(3):204-207.

[31] 石平五.西部煤矿岩层控制泛述[J].矿山压力与顶板管理,2002,20(1):6-8.

[32] 许家林,朱卫兵,王晓振,等.浅埋煤层覆岩关键层结构分类[J].煤炭学报,2009,34(7):865-870.

[33] 许家林,鞠金峰.特大采高综采面关键层结构形态及其对矿压显现的影响[J].岩石力学与工程学报,2011,30(8):1547-1556.

[34] 许家林,朱卫兵,王晓振,等.沟谷地形对浅埋煤层开采矿压显现的影响机理[J].煤炭学报,2012,37(2):79-85.

[35] 许家林,朱卫兵,鞠金峰.浅埋煤层开采压架类型[J].煤炭学报,2014,39(8):1625-1634.

[36] 付玉平,宋选民,邢平伟,等.浅埋厚煤层大采高工作面顶板岩层断裂演化规律的模拟研究[J].煤炭学报,2012,37(6):366-371.

[37] 付玉平,宋选民,邢平伟,等.大采高采场顶板断裂关键块稳定性分析[J].煤炭学报,2009,34(8):1027-1031.

[38] 付玉平,宋选民,邢平伟.浅埋煤层大采高超长工作面垮落带高度的研究[J].采矿与安全工程学报,2010,27(2):190-194.

[39] 宋选民,顾铁凤,闫志海.浅埋煤层大采高工作面长度增加对矿压显现的影响规律研究[J].岩石力学与工程学报,2007,26(S2):4007-4013.

[40] 王国法,庞义辉,刘俊峰.特厚煤层大采高综放开采机采高度的确定与影响[J].煤炭学报,2012,37(12):1777-1782.

[41] 王国法.工作面支护与液压支架技术理论体系[J].煤炭学报,2014,39(8):1593-1601.

[42] 王国法.大采高技术与大采高液压支架的开发研究[J].煤矿开采,2009,14(1):1-4.

[43] 鹿志发.浅埋深煤层顶板力学结构与支架适应性研究[D].北京:煤炭科学研究总院,2007.

[44] 李凤仪.浅埋煤层长壁开采矿压特点及其安全开采界限研究[D].阜新:辽宁工程技术大学,2007.

[45] 伊茂森.神东矿区浅埋煤层关键层理论及其应用研究[D].徐州:中国矿业大学,2008.

[46] 任艳芳.浅埋煤层长壁开采覆岩结构特征研究[D].北京:煤炭科学研究总院,2008.

[47] 王旭峰.冲沟发育矿区浅埋煤层采动坡体活动机理及其控制研究[D].徐州:中国矿业大学,2009.

[48] 张志强.沟谷地形对浅埋煤层工作面动载矿压的影响规律研究[D].徐州:中国矿业大学,2011.

[49] 李福胜.浅埋薄基岩上下层同步开采技术研究[D].北京:中国矿业大学(北京),2010.

[50] 王方田.浅埋房式采空区下近距离煤层长壁开采覆岩运动规律及控制[D].徐州:中国矿业大学,2012.

[51] 鞠金峰.浅埋近距离煤层出煤柱开采压架机理及防治研究[D].徐州:中国矿业大学,2013.

[52] 林光侨.浅埋煤层采场矿压规律及支架合理工作阻力研究[D].北京:煤炭科学研究总院,2013.

[53] 布克林斯基 B A.矿山岩层与地表移动[M].王金庄,洪渡,译.北京:煤炭工业出版社,1989.

[54] HOLLA L,BUIZEN M. Strata movement due to shallow longwall mining and the effect on ground permeability[J]. AusIMM Bullefin and Proceedings,1999,29(5):1-6.

[55] RAJENDRU SINGH T N,BHARAF B DHAR. Coal pillar loading in shallow conditions [J]. International Joural of Rock Mechanics and Mining Sciences Geo. Mechanics Abstracts,1995,53(8):150-158.

[56] SYD S PENG. Coal mine ground control[M]. New York:John Wiley & Sons Inc. ,2008:203-235.

[57] SYD S PENG. Mitigating subsidence influence on residential structures caused by longwall mining operations[C]. Proceedings of 22nd Int'l Conference on Ground Control in Mining,West Virginia University,2003:352-359.

[58] 余学义,张恩强.开采损害学[M].北京:煤炭工业出版社,2004.

[59] 余学义,施文刚,张平,等.黄土沟壑区地表移动变形特征分析[J].矿山测量,2010,37(2):38-40.

[60] 余学义,党天虎,潘宏宇,等.采动地表动态沉陷的流变特性[J].西安科技大学学报,2003,23(2):131-134.

[61] 余学义,黄森林.浅埋煤层覆岩切落裂缝破坏及控制方法分析[J].煤田地质与勘探,

2006,34(2):18-21.

[62] 余学义,王鹏,李星亮.大采高浅埋煤层开采地表移动变形特征研究[J].煤炭工程, 2012,44(7):63-67.

[63] 余学义,尹士献,赵兵朝.采动厚湿陷性黄土破坏数值模拟研究[J].西安科技大学学报,2005,25(2):135-138.

[64] 余学义,邱有鑫.沟壑切割浅埋区塌陷灾害形成机理分析[J].西安科技大学学报, 2012,32(3):269-274.

[65] 余学义,种可,李邦邦.陕北侏罗纪煤田开采沉陷损害控制及生态环境恢复重建[C].中国环境科学学会学术年会论文集,2009:310-315.

[66] 余学义,李邦帮,李瑞斌,等.西部巨厚湿陷性黄土层开采损害程度分析[J].矿山测量, 2008,37(1):43-47.

[67] 王鹏,余学义,刘俊.浅埋煤层大采高开采地表裂缝破坏机理研究[J].煤炭工程,2014, 46(5):84-86.

[68] 计宏,余学义.浅埋煤层沟壑区塌陷灾害形成机理分析研究[J].煤炭工程,2012, 44(6):69-71.

[69] 汤伏全.渭北矿区地表移动概率积分预计模型[C].全国开采沉陷规律与"三下"采煤学术会议论文集,2005:14-17.

[70] 汤伏全.西北厚黄土层矿区地表移动预计方法[J].西安科技大学学报,2005,23(3): 317-320.

[71] 汤伏全,姚顽强,夏玉成.薄基岩下浅埋煤层开采地表沉陷预测方法[J].煤炭科学技术,2007,35(6):105-105.

[72] 谷拴成,洪兴.概率积分法在山区浅埋煤层地表移动预计中的应用[J].西安科技大学学报,2012,32(1):45-50.

[73] 谷拴成,王恩波,熊家全.浅埋煤层非充分采动地表移动规律实测研究[J].煤炭工程, 2014,46(6):99-102.

[74] 谷拴成,李昂.浅埋薄基岩厚煤层覆岩移动演化规律数值模拟研究[J].煤炭工程, 2012,44(3):67-70.

[75] 杜善周.神东矿区大规模开采的地表移动及环境修复技术研究[D].北京:中国矿业大学(北京),2010.

[76] 杨志军.酸刺沟煤矿地表沉陷综合评价及其数值模拟分析[D].西安:西北大学,2011.

[77] 黄森林.浅埋煤层采动裂缝损害机理及控制方法研究[D].西安:西安科技大学,2006.

[78] 张平.黄土沟壑区采动地表沉陷破坏规律研究[D].西安:西安科技大学,2010.

[79] 杜福荣.浅埋煤层的覆岩破坏及地表移动规律的研究[D].阜新:辽宁工程技术大学,2002.

[80] 余进江,桂庆军.山区浅埋煤层裂隙发育 UDEC 模拟研究[J].煤矿现代化,2014, 22(2):57-59.

[81] 刘辉,何春桂,邓喀中,等.开采引起地表塌陷型裂缝的形成机理分析[J].采矿与安全工程学报,2013,30(3):380-384.

[82] 王创业,岳明.地表切落式裂缝破坏及控制研究[J].采矿技术,2014,14(4):45-46.

[83] SHU D M,BHATTACHARYYA A K. Prediction of sub-surface subsidence movements due to underground coal mining[J]. Geotechnical & Geological Engineering, 1993,11(4):221-234.

[84] BELL F G,CULSHAW M G,CRIPPS J C,et al. Engineering geology of underground movement[M]. London:The Geological Society,1998.

[85] ERIEE DRUM. Mechanism of subsidence induced damage and technique for analysis [J]. University of Oklahoma,1985(10):168-190.

[86] WANG M C. Settlement behavior of footing above a void[C]. Proc. of Geotechnical and Geo-environmental Engineering,New Orleans:[s. n],1982:168-183.

[87] WOOD LARNAEH DRUM. Finite element analysis of ground subsidence due to mining[D]. Oklahoma:University of Oklahoma,1990.

[88] SIRIVARDANE AMANDA. Displacement based approach for prediction of subsidence caused by longwall mining numerical method[J]. Mining Science & Technology,1988,6(2):205-216.

[89] YAO X L,REDDISH D J. Nonlinear finite element analysis of surface subsidence arising from indined sean entraction[J]. International Journal of Rock Mec. & Mining Sci. ,1993,30(4):431-441.

[90] FAN Gangwei,ZHANG Dongsheng,ZHOU Lei. Fracture zonation for overlying strata in underground mining of shallow coal seam[C]. Proceedings of the 3rd International Symp on Multi-field Coupling Theory of Rock and Soil Media and its Applications. China Three Gorges Univ. , Yichang, China:Trans. Tech. Publictions LTD, 2012:2607-2611.

[91] BOOTH C J,CURTISS A M,DEMARIS P J,et al. Site-specific variation in the potentiometric response to subsidence above active longwall mining[J]. Environmental & Engineering Geoscience,2000,6(4):383-394.

[92] BOOTH C J,SPANDE E D. Potentiometric and aquifer property changes above subsiding longwall mine panels,illinois basin coalfield[J]. Ground Water,1992,30(3):362-368.

[93] ZHAO Bingchao,YU Xueyi,HUANG Guoyao,et al. Effect analysis on destroy form about overburden by RRL and RRM on the condition of shallow coal seam[C]. Proceedings of the 7th International Symposium on Safety Science and Technology (ISSST). Hangzhou,China:Science Press Beijing,2010:1576-1580.

[94] NG ALEX HAYMAN,CHANG HSINGCHUNG,GE LINLIN,et al. Assessment of radar interferometry performance for ground subsidence monitoring due to underground mining[J]. Earth Planets and Space,2009,61(6):733-745.

[95] MARSCHALKO MARIAN,BEDNARIK MARTIN,YILMAZ ISIK,et al. Evaluation of subsidence due to underground coal mining:an example from the Czech Republic [J]. Bulletin of Engineering Geology and Environment,2012,71(1):105-111.

[96] 何满潮,谢和平,彭苏萍,等. 深部开采岩体力学研究[J]. 岩石力学与工程学报,2005,

24(16):2803-2813.

[97] 许家林,钱鸣高.岩层采动裂隙分布在绿色开采中的应用[J].中国矿业大学学报,2004,33(2):141-144.

[98] 范立民,牛建国,蒋泽泉,等.榆神府煤田浅层地下水的开发与利用[J].中国煤田地质,1996,8(1):32-36.

[99] CCMRI. Groundwater hazard control and coalbed methane development and application techniques[C]. The International Mining Tech'96 Symposium. Xi'an University of Science and Technology,1996.

[100] 范立民,蒋泽泉.榆神矿区保水采煤的工程地质背景[J].煤田地质与勘探,2004,32(5):32-35.

[101] 范立民,蒋泽泉,许开仓.榆神矿区强松散含水层下采煤隔水层特性研究[J].中国煤田地质,2003,15(4):25-26.

[102] 范立民,蒋泽泉.厚煤层综采区冒落(裂)带高度的确定[J].中国煤田地质,2000,12(3):31-33.

[103] 张杰,侯忠杰.浅埋煤层导水裂隙发展规律物理模拟分析[J].矿山压力与顶板管理,2001,21(4):32-34.

[104] 张杰.浅埋煤层中的关键层运动与导水裂隙发展[J].湖南科技大学学报:自然科学版,2010,25(4):25-28.

[105] ZHANG Dongsheng,FAN Gangwei,MA Liqiang,et al. Aquifer protection during longwall mining of shallow coal seams:A case study in the Shendong Coalfield of China[J]. International Journal of Coal Geology,2011,86(2):190-196.

[106] ZHANG Dongsheng,FAN Gangwei,LIU Yude,et al. Field trials of aquifer protection in longwall mining of shallow coal seams in China[J]. International Journal of Rock Mechanics and Mining Sciences,2010,47(6):908-914.

[107] ZHANG Dongsheng,FAN Gangwei,MA Liqiang. Aquifer protection during longwall mining of shallow coal seams:a case study from northwestern China[J]. International Journal of Coal Geology,2011,86(2-3):190-196.

[108] 刘玉德.沙基型浅埋煤层保水开采技术及其适用条件分类[D].徐州:中国矿业大学,2008.

[109] 范钢伟.浅埋煤层开采与脆弱生态保护相互响应机理与工程实践[D].徐州:中国矿业大学,2011.

[110] 张炜.覆岩采动裂隙及其含水性的氡气地表探测机理研究[D].徐州:中国矿业大学,2012.

[111] MA Liqiang,DU Xun,WANG Fei,et al. Water-preserved mining technology for shallow buried coal seam in ecologically-vulnerable coal field:a case study in the shendong coal field of china[J]. Disaster Advances,2013,6(5):268-278.

[112] 范钢伟,张东升,卢鑫,等.浅埋煤层采动导水裂隙动态演化规律模拟分析[J].煤炭科学技术,2008,36(5):18-23.

[113] 王晓振,许家林,朱卫兵.主关键层结构稳定性对导水裂隙演化的影响研究[J].煤炭

学报,2012,37(4):606-612.

[114] 黄庆享.浅埋煤层保水开采隔水层稳定性的模拟研究[J].岩石力学与工程学报,2009,28(5):987-992.

[115] 黄庆享,刘腾飞.浅埋煤层开采隔水层位移规律相似模拟研究[J].煤田地质与勘探,2006,34(5):35-37.

[116] 李文平,叶贵钧,张莱,等.陕北榆神府矿区保水采煤工程地质条件研究[J].煤炭学报,2000,25(5):449-454.

[117] 王连国,王占盛,黄继辉,等.薄基岩厚风积沙浅埋煤层导水裂缝带高度预计[J].煤田地质与勘探,2012,29(5):607-612.

[118] 李忠建.半胶结低强度围岩浅埋煤层开采覆岩运动及水害评价研究[D].青岛:山东科技大学,2011.

[119] 师本强,侯忠杰.陕北榆神府矿区保水采煤方法研究[J].煤炭工程,2006,38(1):63-65.

[120] 师本强,侯忠杰.榆神府矿区保水采煤的实验与数值模拟研究[J].矿业安全与环保,2005,32(4):11-13.

[121] KIM KIDONG,LEE SARO,OH HYUNJOO,et al. Assessment of ground subsidence hazard near an abandoned underground coal mine using GIS[J]. Environmental Geology,2006,50(8):1183-1191.

[122] SINGH M P,SHUKLA R R. Petrographic characteristics and depositional conditions of permian coals of Pench,Kanhan,and Tawa Valley Coalfields of Satpura Basin,Madhya Pradesh,India[J]. International Journal of Coal Geology,2004,59(3):209-243.

[123] 管海晏,冯享特伦,谭永杰.中国北方煤田自燃环境调查与研究[M].北京:煤炭工业出版社,1998.

[124] 曹凯,时国庆,王德明,等.浅埋深综放工作面采空区自燃危险区域判定[J].煤炭科学技术,2012,40(1):57-60.

[125] 曹代勇,樊新杰,时孝磊,等.乌达煤田煤层自燃内因分析与自燃类型划分[J].煤炭学报,2005,30(3):288-292.

[126] 张志凯.崔家沟煤矿2207工作面采空区自然发火规律研究[D].西安:西安科技大学,2009.

[127] 王金力.神东矿区开采煤层自燃及预防基础研究[D].阜新:辽宁工程技术大学,2006.

[128] GENC B,COOK A. Spontaneous combustion risk in South African coalfields[J]. Journal of the Southern African Institute of Mining and Metallurgy,2015,115(7):563-568.

[129] CHATTERJEE R S. Coal fire mapping from satellite thermal IR data—a case example in Jharia Coalfield,Jharkhand,India[J].Journal of Photogrammetry and Remote Sensing,2005,60(2):113-128.

[130] 李东印,蒋东杰,贾海林.不连沟煤矿特厚煤层综放面采空区自燃"三带"分布规律[J].煤炭工程,2011,43(5):86-88.

[131] 上官建华.浅埋煤层综放采空区自燃"三带"与压力横三区关系[J].科学技术与工程，2013,13(16):4647-4650.

[132] 海林鹏.浅埋综放采空区自燃"三带"的分布规律的实测与数值模拟研究[J].科学技术与工程,2013,13(17):4890-4892.

[133] 刘玉良.万利一矿采空区自燃"三带"分布规律研究[J].煤,2013,21(12):5-7.

[134] 张金山,张锋,芦静,等.百灵煤矿10202工作面采空区自燃"三带"影响因素分析[J].煤,2014,(3):174-176.

[135] XIA Tongqiang,WANG Xinxin,ZHOU Fubao,et al. Evolution of coal self-heating processes in longwall gob areas[J]. International Journal of Heat and Mass Transfer,2015(86):861-868.

[136] HUANG J J,BRUINING J,WOLF K H A A. Modeling of gas flow and temperature fields in underground coal fires[J]. Fire Safety Journal,2001,36(5):477-489.

[137] 许延辉,刘文永,张辛亥,等.补连塔矿采空区煤自燃防治技术[J].煤矿安全,2013,44(11):91-93.

[138] 任显财,吕英华.补连塔煤矿采空区地面注浆优化设计[J].煤矿安全,2013,44(9):205-206.

[139] 苏凯.冯家塔矿1401面采空区火源探测及煤自燃防治技术研究[D].西安:西安科技大学,2012.

[140] 涂亮,刘正超.祁东矿上覆近距离不采自燃煤层采空区综合防灭火技术[J].煤炭技术,2014,33(8):45-47.

[141] 丁盛,高宗飞,周福宝,等.浅埋藏大漏风火区均压防灭火技术应用[J].中国煤炭,2010(10):107-109.

[142] 石尚尧.浅埋煤层大采高综放开采安全保障技术研究[J].煤矿开采,2012,17(3):30-32.

[143] 张立辉,刘志忠.浅埋深近距离煤层群超大采空区火区治理技术[J].煤矿安全,2014,45(3):72-75.

[144] 史过平,张国军,陈明河,等.浅埋深自燃厚煤层防灭火技术研究[J].能源技术与管理,2011(6):69-71.

[145] TARABA BOLESLAV,MICHALEC ZDENEK. Effect of longwall face advance rate on spontaneous heating process in the gob area-CFD modelling[J]. Fuel,2011,90(8):2790-2797.

[146] LIU Lang,ZHOU Fubao. A comprehensive hazard evaluation system for spontaneous combustion of coal in underground mining[J]. International Journal of Coal Geology,2010,82(1):27-36.

[147] COLAIZZI G J. Prevention,control and/or extinguishment of coal seam fires using cellular grout[J]. International Journal of Coal Geology,2004,59(1):75-81.

[148] 徐会军,刘江,徐金海.浅埋薄基岩厚煤层综放工作面采空区漏风数值模拟[J].煤炭学报,2011,36(3):435-440.

[149] 张辛亥,吴刚,金永飞,等.浅埋煤层采空区强漏风流场数值模拟及自燃危险性研究

[J]. 价值工程,2011(7):1-3.

[150] 吴刚. 柠条塔矿浅埋煤层综采面采空区漏风规律研究[D]. 西安:西安科技大学,2011.

[151] 王建文,张辛亥,李龙清,等. 塌陷裂隙漏风规律现场测定与分析[J]. 煤矿安全,2010, 41(11):89-91.

[152] 张海峰,张茂文. 浅埋深综放工作面采空区漏风检测技术[J]. 煤矿安全,2013,44(6): 63-65,69.

[153] 李永,赵学新. 浅埋深综放工作面采空区漏风检测技术[J]. 煤炭与化工,2013,36(6): 155-156.

[154] 孔海陵,陈占清,卜万奎,等. 承载关键层、隔水关键层和渗流关键层关系初探[J]. 煤炭学报,2008,33(5):485-488.

[155] 马茂盛. 神东矿区浅埋煤层开采及矿压研究[D]. 阜新:辽宁工程技术大学,2002.

[156] 刘海胜. 浅埋煤层大采高工作面矿压规律与支架-围岩关系研究[D]. 西安:西安科技大学,2013.

[157] 周海丰. 哈拉沟煤矿浅埋深加长综采工作面矿压规律研究[D]. 西安:西安科技大学,2011.

[158] 负东风,刘志远,苏普正,等. 韩家湾煤矿浅埋煤层综采面过切眼相似模拟实验研究[J]. 煤炭工程,2014,46(8):54-57.

[159] 芭蕾. 海勃湾矿业公司路天煤矿综采放顶煤相似材料模拟试验研究[D]. 包头:内蒙古科技大学,2010.

[160] 李鸿昌. 矿山压力的相似模拟试验[M]. 徐州:中国矿业大学出版社,1987.

[161] 吴钰应,王世远,关玉顺,等. 相似材料配比研究[J]. 阜新矿业学院学报,1981(1): 32-49.

[162] 南华,周英. 相似模拟材料容重对强度的影响[J]. 矿业研究与开发,2007,27(3): 12-13.

[163] 郭辉,株楠,秦长才,等. 开采沉陷覆岩运动规律的相似材料模拟试验[J]. 北京测绘, 2013(5):12-16.

[164] 闫立章. 用相似模拟物理模型研究矿山压力[J]. 矿业安全与环保,2009,36(4): 20-22.

[165] TIMOSHENKO S P,GOODIER J N. Theory of elasticity[M]. Beijing:People's Education Press,1964.

[166] DING H J,HUANG D J,WANG H M. Analytical solution for fixed-end beam subjected to uniform load[J]. Zhejiang Univ. SCI,2005,6(8):779-782.

[167] 王桂芳. 应用弹性力学[M]. 成都:成都科技大学出版社,1995.

[168] AHMED S R,IDRIS A B M,UDDIN M W. Numerical solution of both ends fixed deep beams[J]. Computers & Structures,1996,61(1):21-27.

[169] 戴瑛,嵇醒. 两端固定受均布载荷的短梁的平面应力解[J]. 同济大学学报(自然科学版),2008,36(7):890-893.

[170] 王桂芳. 悬臂深梁的自重应力[J]. 四川大学学报(工程科学版),2000,32(2):8-12.

[171] 刘鸿文. 材料力学[M]. 北京:高等教育出版社,2004.

[172] 徐芝纶.弹性力学[M].北京:高等教育出版社,2006.

[173] 吴侃,李亮,敖建锋,等.开采沉陷引起地表土体裂缝极限深度探讨[J].煤炭科学技术,2010,38(6):108-111.

[174] 吴侃,胡振琪,常江.开采引起的地表裂缝分布规律[J].中国矿业大学学报,1997,26(2):56-59.

[175] 赵明阶,冯忠居.土质学与土力学[M].北京:人民交通出版社,2007.

[176] 薛守义.高等土力学[M].北京:中国建材工业出版社,2007.

[177] 邹友峰,邓喀中,马伟民.矿山开采沉陷工程[M].徐州:中国矿业大学出版社,2000.

[178] 韩科明.采煤沉陷区稳定性评价研究[D].北京:煤炭科学研究总院,2008.

[179] 刘宝深,颜荣贵.开采引起的矿山岩体移动的基本规律[J].煤炭学报,1981,6(1):39-55.

[180] 张静.采空区地表移动变形分析与评价——以神东矿区寸草塔二矿为例[D].西安:长安大学,2013.

[181] 徐友宁,何芳,武自生,等.神东矿区开采沉陷及塌陷指数预测[J].中国煤炭,2005,31(12):37-44.

[182] 解钢锋,吴亚安,雷崇利,等.用岩性综合评价系数 P 确定地表最大沉陷的预计参数[J].煤炭工程,2010,42(11):94-96.

[183] 吴琼,唐辉明,王亮清,等.基于三维离散元仿真试验的复杂节理岩体力学参数尺寸效应及空间各向异性研究[J].岩石力学与工程学报,2014,33(12):2419-2432.

[184] CUNDALL P A,STRACK O D L. A discrete numerical model for granular assemblies[J]. Geotechnique,1979,29(1):47-65.

[185] CUNDALL P A. A computer model for simulating progressive large scale movements in blocky rock systems[C]. Proceedings of the International Society of Rock Mechanics (Nancy,France),1971:11-18.

[186] ITASCA CONSULTING GROUP. 3DEC:3D distinct element code[R]. Version 3.00,[S.l.]:Itasca Consulting Group,2002.

[187] ITASCA CONSULTING GROUP INC. 3DEC:Theory and background,Section 2:block constitutive models:user's manual(Version 5.0)[R]. Minneapolis:Itasca Consulting Group Inc.,2013.

[188] ITASCA CONSULTING GROUP INC. 3DEC:Section 3:problem solving with 3DEC:user's guide (Version 5.0)[R]. Minneapolis:Itasca Consulting Group Inc.,2013.

[189] 唐泽圣.三维数据场可视化[M].北京:清华大学出版社,1991.

[190] 陈欢欢,李星,丁文秀.Suffer8.0 等值线绘制中的十二种插值方法[J].工程地球物理学报,2007,4(1):52-57.

[191] 王兆清,冯伟.高度不规则网格多边形单元的有理函数插值格式[J].固体力学学报,2005,35(6):199-202.

[192] GONZALEZ R C,WOODS R E,EDDINS S L. Digital Image processing using MATLABE[J]. Gatesmark Publishing,2009,21(84):197-199.

［193］冈萨雷斯.数字图像处理的 MATLAB 实现［M］.北京:清华大学出版社,2013.

［194］赵兵朝,刘樟荣,同超,等.覆岩导水裂缝带高度与开采参数的关系研究［J］.采矿与安全工程学报,2015,32(4):634-638.

［195］高登彦.厚基岩浅埋煤层大采高长工作面矿压规律研究［D］.西安:西安科技大学,2009.

［196］封金权.不等厚土层薄基岩浅埋煤层覆岩移动规律及支护阻力确定［D］.徐州:中国矿业大学,2008.

［197］李福胜,张勇,许力峰.基载比对薄基岩厚表土煤层工作面矿压的影响［J］.煤炭学报,2013,38(10):1749-1755.

［198］范立民,张晓团,向茂西,等.浅埋煤层高强度开采区地裂缝发育特征——以陕西榆神府矿区为例［J］.煤炭学报,2015,40(6):1442-1447.

［199］刘宜平.推进速度对薄基岩工作面提高回采上限的影响［J］.煤矿开采,2014,19(5):13-15.

［200］刘辉.西部黄土沟壑区采动地裂缝发育规律及治理技术研究［D］.徐州:中国矿业大学,2014.

［201］王旭锋,张东升,卢鑫,等.浅埋煤层沙土质冲沟坡体下开采矿压显现特征［J］.煤炭科学技术,2010,38(6):18-22.

［202］张志强,许家林,王晓振,等.沟谷地形下浅埋煤层工作面矿压规律研究［J］.中国煤炭,2011,37(6):55-58.

［203］吴望一.流体力学［M］.北京:北京大学出版社,1983.

［204］朱克勤.粘性流体力学［M］.北京:高等教育出版社,2009.

［205］苏铭德.计算流体力学基础［M］.北京:清华大学出版社,1997.

［206］YAN Xiaoli,DENG Huilin. Analytical solutions to incompressible Navier-Stokes equations［J］. Journal of Jilin Normal University (Natural Science Edition),2010,32(1):71-75.

［207］仵彦卿.岩体水力学导论［M］.成都:西南交通大学出版社,1995.

［208］钟嘉高,梁杏,任志刚.岩体裂隙等效水力隙宽的统计确定方法［J］.地质科技情报,2007,26(4):103-106.

［209］王媛,速宝玉.单裂隙面渗流特性及等效水力隙宽［J］.水科学进展,2002,13(1):61-68.

［210］杜时贵.岩体结构面粗糙度系数 JRC 定向统计研究［J］.水科学进展,1994,2(3):62-71.

［211］张仕强.裂缝形态描述及其力学、流动特性分析［D］.成都:西南石油大学,1997.

［212］SAEEDI G,SHAHRIAR K,REZAI B. Estimating volume of roof fall in the face of longwall mining by using numerical methods［J］. Archives of Mining Sciences,2013,58(3):767-778.

［213］PATTERSON R,LUXBACHER K. Tracer gas applications in mining and implications for improved ventilation characterisation［J］. International Journal of Mining Reclamation and Environment,2012,26(4):337-350.

[214] 吴中立,刘西才,赵时海,等.用六氟化硫气体示踪技术检测采空区漏风[J].煤炭科学技术,1983,11(4):6-8.

[215] 王松桂.线性统计模型:线性回归与方差分析[M].北京:高等教育出版社,1999.

[216] (美)John A Rice.数理统计与数据分析[M].田金方,译.北京:机械工业出版社,2011.

[217] 杨景才.厚风积沙下浅埋工作面安全开采技术研究[D].阜新:辽宁工程技术大学,2003.

[218] 袁文静.陈家沟煤矿综放采空区自燃三带判定研究[D].西安:西安科技大学,2012.

[219] 任伟.采空区多孔介质阻力系数的数值模拟研究[D].太原:太原理工大学,2013.

[220] 贝尔J.多孔介质流体动力学[M].北京:中国建筑工业出版社,1984.

[221] (奥)薛定谔 A E.多孔介质中的渗流物理[M].北京:石油工业出版社,1982.

[222] 孙祥言.高等渗流力学[M].合肥:中国科学技术大学出版社,1999.

[223] 范超男.多漏风综放工作面采空区风流规律研究[D].阜新:辽宁工程技术大学,2012.

[224] 高建良,王海生.采空区渗透率分布对流场的影响[J].中国安全科学学报,2010(3):81-85.

[225] 王福军.计算流体动力学分析[M].北京:清华大学出版社,2004.

[226] 王红刚.采空区漏风流场与瓦斯运移的叠加方法研究[D].西安:西安科技大学,2009.

[227] 张红升.采空区流场与瓦斯运移规律数值模拟研究[D].邯郸:河北工程大学,2013.

[228] 赵长波.基于 Fluent 的采空区流场与瓦斯分布规律研究[D].青岛:山东科技大学,2011.

[229] 于勇.FLUENT 入门与进阶教程[M].北京:北京理工大学出版社,2008.

[230] 唐家鹏.FLUENT 14.0 超级学习手册[M].北京:人民邮电出版社,2013.

[231] XU Jingcai,DENG Jun. Computer simulation of spontaneous combustion process of crushed coals around the tailgate close to gob at fully mechanized LTCC faces[C]. Source:Computer Applications in the Minerals Industries,2001:565-568.

[232] 李鹏飞,徐敏义,王飞飞.精通 CFD 工程仿真与案例实战——FLUENT GAMBIT ICEM CFD Tecplot[M].北京:人民邮电出版社,2011.

[233] 徐精彩.煤自燃危险区域判定理论[M].北京:煤炭工业出版社,2002.

[234] 吴玉国.神东矿区综采工作面采空区常温条件下 CO 产生与运移规律研究及应用[D].太原:太原理工大学,2015.

[235] 蒋志刚.灵武矿区采煤工作面 CO 产生机理及变化规律研究[D].西安:西安科技大学,2009.

[236] 许继宗,李信,王步青,等.大水头煤矿煤层原生含量及赋存规律的研究[J].矿业安全与环保,2004,32(4):18-20.

[237] 翟小伟,马灵军,邓军.工作面上隅角浓度预测模型的研究与应用[J].煤炭科学技术,2011,39(11):59-62.

[238] 贾海林,余明高,徐永亮.矿井 CO 气体成因类型及机理辨识分析[J].煤炭学报,2013,38(10):1812-1818.

[239] 赵磊,邬剑明,周春山.自燃采空区注浆灭火浆液的扩散行为研究[J].矿业安全与环

保,2013,40(1):37-39.

[240] 张晋花.准格尔煤田自燃采空区注浆防灭火浆液扩散行为研究[D].太原:太原理工大学,2012.

[241] 余明高.煤矿火灾防治理论与技术[M].郑州:郑州大学出版社,2008.

[242] 张东坡.易自燃特厚煤综放面采空区注氮防灭火技术研究与应用[D].太原:太原理工大学,2010.

[243] 陆卫东.浅埋厚煤层综放开采注氮防火技术研究[D].阜新:辽宁工程技术大学,2006.

[244] 柯斯乐 E L.扩散:流体系统中的传质[M].北京:化学工业出版社,2002.

[245] 张秀宝,高伟生,应龙根.大气环境污染概论[M].北京:中国环境科学出版社,1989.